小人物大气场

XIAO RENWU DA QICHANG

迟双明◎编著

成都时代出版社
CHENGDU TIMES PRESS

图书在版编目（CIP）数据

小人物 大气场 / 迟双明编著 .-- 成都 ：成都时代出版社，2018.11
ISBN 978-7-5464-2212-1
Ⅰ．①小… Ⅱ．①迟… Ⅲ．①成功心理—通俗读物 Ⅳ．① B848.4-49
中国版本图书馆 CIP 数据核字（2018）第 225582 号

小人物 大气场
XIAORENWU DAQICHANG
迟双明 编著

出品人	李文凯
责任编辑	周 慧
责任校对	李 林
装帧设计	范 磊
责任印制	唐莹莹
出版发行	成都时代出版社
电 话	（028）86618667（编辑部）
	（028）86615250（发行部）
网 址	www.chengdusd.com
印 刷	三河市祥达印刷包装有限公司
规 格	710mm × 1000mm 1/16
印 张	14
字 数	180 千字
版 次	2018 年 11 月第 1 版
印 次	2018 年 11 月第 1 次印刷
印 数	1-8000
书 号	ISBN 978-7-5464-2212-1
定 价	39.80 元

contents 目 录

第三章 ••• 操控情绪，让你的气场充满正能量

第四章 ••• 提升形象魅力，增强气场磁力

9大核心，小人物也能有大气场

气场无界限，小人物也能有大气场

格局决定气场，小人物也要有大格局

操控情绪，让你的气场充满正能量

提升形象魅力，增强气场磁力

提升人格品质，让你的人生更出彩

营造向上的力量，小人物也能成主角

结交有正能量的人，小人物也能拥有大能量

变身幽默达人，提升个人气场与魅力

修炼气场，提升个人影响力

书摘短语

真正经过大风大浪的成功者，往往都很淡然，生活简单而淳朴。

实力和底蕴决定一个人的气场。

一个人是否有影响力和感染力，在一定程度上取决于他是否具有幽默感。

良好的形象是美丽生活的代言人，是进入爱的神圣殿堂的敲门砖，是我们走向更高阶梯的扶手。

世界上最难攻破的不是那些坚固的堡垒和城池，而是自己的“心墙”。

一个人的气场是由三部分组成的：格局、势和人气。

Preface 前言

最近几年，“气场”一词越来越受到人们的关注，“气场”一度成为人们热议的话题，无论是叱咤风云的大人物，还是名不见经传的小人物，都在关注与研究气场对人生的巨大影响力问题。气场作为一个人个性化较强的因素，是可以培养、提升和加强的。是的，只要肯改变，小人物也可拥有大气场，一样也可以有大作为。

在现实生活中，我们往往发现一些大人物气场特别强大，他们充满个人魅力，受人喜欢、受人爱戴。他们在做事时一般都能比普通人做得更成功，让我们觉得很是羡慕。可是对大多数人来说，大家既不是大人物，也不是名人，更多人只是“草根”与小人物，那么这些人就只能一辈子平平庸庸、普普通通，而与大气场无缘吗?

答案是否定的！小人物也可以有大气场，我们只要深刻认识气场的内涵，弄清楚气场的作用，学习一些提高气场的方法和技能，小人物也可以有大气场，可以充满魅力，受人喜欢，可以把事情做得很成功。

研究表明，气场是一种能量和吸引力，也是一种无形的震慑力和控制力，能驭人于无形之中。所谓的气场并不是身躯高大魁梧、外貌惊艳动人，而是修养与学识积淀出来的个人魅力，是通过一个人的性格、言行举止反映出来的良好的个性化因素。而气场的最终应用是在人际交往中，以气场赢得他人的青睐。因此，想要让自己站在更突出的平台上发展自我，就必须注重自身气场的构建。

可以说，小人物也能散发大气场，普通人也能凝聚大魅力，关键是要注重修正自己的性格、提高自己的言谈技巧、塑造良好的行为方式。

本书着重将提高气场的技能教给大家，让每个小人物也都能拥有大气场，为解决生活、事业上的困难提供帮助，为人生的进步增添强大的精神动力。本书尽量避免空洞、教条的理论说教，以鲜活的案例与精练的语言为读者分析、阐述气场修炼的基本技能，让读者通过阅读和学习，发现有益于提升自身气场的见解与工作、生活启示，从而提升个人气场，打造成功人生。

第五章 •••
提升人格品质，让你的人生更出彩

第六章 •••
营造向上的力量，小人物也能成主角

第七章 • • •

结交有正能量的人，小人物也能拥有大能量

第八章 • • •

变身幽默达人，提升个人气场与魅力

第九章 • • •

修炼气场，提升个人影响力

第一章 气场无界限，小人物也能有大气场

Chapter 1

学会操控自己的气场，提升自己的“气场力”，小人物也能铸就强大的气场。

气场之力助你开启小人物的大人生

气场，是现代心理学和交际学研究的重要对象，是现实生活中人们最为关注和追求的人生内核。有道是，一个人只有学会掌控自己的气场，才能不断发掘出自身的潜能；只有掌控自己的气场，才能掌控自己的人生。

那么到底什么是气场呢？简要而言，气场是一种强大的内在吸引力，是一个人在社会交际活动中影响力的自我投射，也是一个人智慧和内心力量的直接反映。气场，可以让一个人在群体之中崭露头角，脱颖而出，让平凡变得出众，让小人物变成大人物。因此，也可以说，气场是一个人气质的绽放，以及魅力的凝聚与外在表现。

每个人都有自己的气场，只是气场大小不一样而已。气场，虽然看不见摸不着，却可以影响我们的生活，改变我们的命运，给你带来渴望的成功和幸福。

成功人士比尔·盖茨说过："永远不要靠自己一个人花100%的力量，而要靠100个人花每个人1%的力量。"现在是一个讲求多赢的时代，仅仅靠孤军奋战难以成就大业，所以作为普普通通的小人物的我们，只有靠打造良好的人脉网络，借助更多人的力量，才能在自己的人生道路上走得更顺。

要想借助他人力量，打造良好的人脉网络，就少不了强大气场的帮助。强大积极的气场可以影响感染他人，让他人愿意帮助你，把你纳入一个更强大的气场里，这样你就不是一个人在战斗了。

所以，学会提升自我，塑造自己的气场吧！只有这样，一个平凡的你才能散发出无限的气场力量，从而积聚超强的人气与更多的人脉。

近几年，江苏卫视有一档很有人气的相亲节目——缘来非诚勿扰。在节目里，不仅主持人孟非有超强的人气和无数的粉丝，那些和孟非一样有着强大气场的男士也同样受到了诸多美女的青睐。事实上，入电视行业之前，孟非不过就是一名默默无闻的小人物——印刷工。

经常看这档节目的人会发现，每个人上台展示自己的时间并不是很长，有些男嘉宾一上场便迎来满堂红，而有些则会被女嘉宾瞬间“打入死牢”，为什么呢？因为气场！气场最直接的显现就是你的形象和言谈举止。哪怕你是个微不足道的小人物，只要你气质好、有涵养，你的气场就能在第一时间征服对手与观众，所以你的支持率往往会比较高。随着男嘉宾资料的播放，我们又会发现，有些男士仍旧保持较高的支持率，有些人的“灯”就会被灭得很惨，原因何在？还是气场！气场能反映出一个人的综合素质，受品格、学识、心理素养、背景等诸多因素的影响。在资料里，不同经历、不同心态、不同素养的男嘉宾其气场也各有不同，好的气场可以为自己赢来女嘉宾的青睐，不好的气场则会面临淘汰。

气场的力量就是这么神奇，它可以帮助普普通通的你收获所期望的爱情，让你拥有幸福的生活。

中国有一段智者名言是这样说的：大事难事，看担当；临喜临怒，看涵养；逆境顺境，看胸襟；患得患失，看智慧；可快可慢，看领悟；是成是败，看坚持！

那么，以上这一切加起来是什么？那就是气场！气场可以对应的东西有很多，一种气势、一种性格、一种胸襟、一种信念、一种坚持。它有先天的成分，但更多的是后天的努力。不管是顺境还是逆境，挺起你的脊梁，以坚韧的毅力勇敢地面对一切，这样才能令你拥有高深的修养和品性，拥有博大的胸怀和气度。这样的小人物，也能拥有强大的成功气场，也能总是被好运光顾。

我们经常会谈到富人与穷人的差别，有一位企业家说："富人专注于机会，穷人专注于障碍，其实，普通人也可以致富，而致富也并不是很难的事情，但是，存在这种不同的思维就决定了有钱人只是少数。"可见，创富是一场"心理"游戏。不可否认，富人之所以富有，或有一小部分的运气所在，或有贵人的帮助等，但其中最关键的还是他们的心态，心态决定气场，气场成就了强大的魄力，才促成了他们的行动，为他们创造了惊人的财富。

在竞争激烈的社会背景下，财富更愿意青睐那些有积极心态、积极气场的人，而那些从小人物走向成功的人士就是凭借一种大的情怀，以积极的气场来吸引财富的。可以说，气场无时无刻不在影响着自己的人生。

当今社会，气场就是如此重要，谁不重视气场，谁就可能因此错失成功的机会。对每一个小人物来说，要想成为一个成功的大人物，气场的培养就显得更为重要，因为它既是小人物开启成功之门的钥匙，也是小人物蜕变成为大人物的关键。

气场于信念与纯朴的心灵中产生

气场是一种能量，是一种力量，它未必全然展现在大人物惊天动地的伟业上，也未必是名人与地位的专利。即使普通的小人物，在信念与美好的心扉中也能衍生出无形的气场。

有一个10岁的小姑娘，她的弟弟患上了重病，要想让弟弟活下来，就必须要进行一个手术，只是手术费用太高了，她的父母已经筹不到钱了。

有一天，她爸爸绝望地对她妈妈说："现在只有奇迹才能救我们的儿子了。"小姑娘听到后便去了自己的房间，把自己的小肥猪储蓄罐拿了出来，她把储蓄罐里面的零钱都倒在了地上，数了数具体数目，然后又把钱全部放入了储蓄罐。

她紧紧地抱着这个宝贵的储蓄罐，悄悄地从后门溜出去，来到了距离她家不太远的一家药店。她拿出一个25美分的硬币放在了药店的柜台上。

一个药剂师看见后问她："小姑娘，你想要什么？"

"我要给我弟弟买药，"小女孩回答说，"他患了重病，我想为他买一个'奇迹'。"

“买什么？”药剂师有点不敢相信自己的耳朵。

“我弟弟叫菲克鲁，他的脑子里长了一个东西，听我爸爸说，现在只有‘奇迹’才能救他。请问，买一个‘奇迹’需要多少钱？”

“姑娘，很抱歉，我们这里并没有‘奇迹’。”药剂师回答说。

“我一定要买到它。倘若我的钱不够，我还会想办法再多攒些钱。请您告诉我需要多少钱能买到它？”

听了小姑娘的话，旁边一位衣着考究的顾客便问小姑娘：“孩子，请问你弟弟究竟需要什么样的‘奇迹’？”

“我也不清楚，”她两眼闪烁着泪光，“我只知道他病得很重，妈妈说他的病必须做手术才行。可是手术费太贵了，我爸妈根本拿不出那么多的钱。所以，我就把自己攒下的所有钱全都拿来买‘奇迹’了。”

“你有多少钱呢？”那人问。

“1美元11美分，我会尽量想办法再多攒一些钱。”小姑娘回答的声音轻得几乎听不见。

“好，真是妙极了，”那人微微一笑，“你的这1美元11美分正好能为你弟弟买一个‘奇迹’。”

说着他接过了小姑娘的钱，并对小姑娘说：“孩子，带我去你家，我想看看你弟弟，见见你父母。看看我是否能给你弟弟一个‘奇迹’。”

原来，那位衣着考究的人是神经外科的著名医生卡特。在了解了菲克鲁的病情后，他决定让菲克鲁在他所在的医院免费进行手术，并担任他的主治医师。虽然这个手术难度很大，但一切都进展顺利，术后没多久，菲克鲁就恢复了健康。

“那个手术，不能不说是一个奇迹。”她的妈妈搂着小姑娘轻声说，“我想知道这‘奇迹’到底值多少钱？”

小姑娘甜甜地笑了，因为她知道这个“奇迹”的价格——1 美元 11 美分，再加上一个小孩子异常坚定的信念。

故事中 10 岁的小姑娘可以说是一个名副其实的小人物，她甚至连“奇迹”是什么都不懂，可是她有一颗美好纯真的心，她爱自己的父母和弟弟。所以，她有一个非常坚定的信念，那就是让弟弟脱离生命危险。于是，平凡的她因此便衍生了一个不平凡的气场奇迹。虽然这个气场没有丘吉尔和斯大林的气场那么强大，也没有比尔·盖茨的气场那样辉煌，可是就因为这种气场来源于内心的爱和信念，所以在这种气场的推动下，这个普通的小姑娘终于用“1 美元 11 美分”换来了她所需的“奇迹”。

由此可见，就算你是一个小人物，一个普通人，只要充满希望，就能为自己争取到创造奇迹的机会，从而养成一个比原来大无数倍的强大气场，为自己平凡的人生创造奇迹。

小人物要善于操控自己的气场

不妨回顾一下自己在日常生活中的状态，你就会感受到自己的气场在不同场合所体现的不同强度。比如说，你在家里和在单位的时候就不一样，或者谈恋爱和与人谈判的时候，你肯定会表现出不同的气场强度。所以说，小人物除了要提升自己的气场外，更要善于操控自己的气场，让自己的气场处于一个正向的强大状态。

气场不是一种虚无缥缈的东西，它存在于你的一言一行之中，同时你的行为对你的气场起着潜移默化的作用，这也决定了气场本身是千变万化的。不管是自然环境还是社会环境，都会对气场有所影响。这里，我们从人际关系以及自我调控方面来了解一下气场是如何被控制的。

影视剧中，我们经常会看到一个演员分饰两角，扮演双胞胎兄弟或者姐妹，这两人往往性情大不相同，甚至命运截然相反。出色的演员可以很好地诠释这两个角色，让观众意识到这是两个完全不同的人，其实本质上就是这个演员具备操纵自身气场的能力，才能出神入化地演绎出两种截然不同的角色。

在生活中，大家都有这样的体验，与他人交往，就仿佛有不同的气场在相互交缠。具体到两个人相处时，从气场的角度来看，有以下三种情况：第一种是相互吸引的；第二种是相互排斥的；第三种是 A 认为 B

不错，B 却不喜欢 A（或者是 B 认为 A 不错，A 却不喜欢 B）。总结起来，气场的性质不外乎是吸引力或是排斥力。我们要知道自己的气场与他人的气场分别属于什么性质，据此来调整自己的气场，把排斥力变成吸引力，把招人讨厌变成让人喜欢。

如何操控自己的气场，让自己具备更好的吸引力、感召力、说服力和影响力？不妨从以下两点开始做起。

1.运用你神奇的意志力

一个人坚强的意志力可以转变为无坚不摧的能量。尽管我们用判断力思考问题，但是最终解决问题的还是意志力。有了坚韧不拔的意志力，就有了应对挫折的能力，在这种强大意志力的保护下，任何不良情绪都将远离你。如此，镇定自若的你必然会让自己的气场变得更强大。

2.利用微笑和亲和的眼神

微笑是气场的名片，眼神是气场的灵魂。生活中，如果一个人对着你微笑，你一定会认为这个人至少不排斥你，而你也愿意接近他。微笑就是这样一种拥有磁力的魅力。哈佛校园里流传着一句谚语："用微笑说话的人，才能担当重任。"面对他人，你要露出自己真诚的微笑，这是你营造气场的重要武器。

眼神是一种复杂的表情，它是气场的灵魂。气场强大的人，他们的眼神都是专注并具有支配性的。坚定的眼神是形成强大气场的法宝。如果你想成为一个有魅力的人，就应该学习适当地与别人进行眼神交流，与人交谈时，不要躲避对方的目光，要以友好真诚的眼神温和地看着对方。一个对气场不利的表情也许就会阻碍成功，诸如胆怯的眼神，所以你要避免表现自己内心的懦弱，学会在众人面前展现自己的风采和值得骄傲的方面。

气场的力量来自每一个个体的内心深处。当你的气场发生变化的时候，你会发现自己整个人都变了。其实气场就是一种自我塑造，你的风度和气度都是气场可以塑造出来的。想要具备强大的人格魅力，就要重视气场。作为一个小人物，成功之路还很遥远，我们要熟练操控自己的气场，让自己的人生处于最利于成功的状态，我们的前进之路就会随之顺畅起来。

我们每个人都以顽强的意志力和微笑看世界的心态来调控自己的气场，让它变得更加强大、更加积极。那么从现在开始，就尝试控制和提高自己的气场吧！

用实力与底气成就强大气场

实力是底气的根本，底气是气场的表现。只有具备一定的实力，在说话和办事的时候才可能有底气，有了底气才能有气场。那些总是因一事无成而不断抱怨外在环境的人，必然会气场不足，终将无缘成功。

著名的音乐指挥家小泽征尔参加了一次世界级的指挥家大赛，当他按照评委会提供的乐谱进行演奏的时候，突然发现了一阵不和谐的声音。刚发现的时候，他觉得这可能是乐队演奏的错误。于是便决定停下来重新演奏，可他随后发现还是不对。他觉得肯定是这个乐谱有问题。当时该乐谱的作曲家也在场，作曲家和评委会的权威人士都坚持认为这个乐谱没有任何问题，是他的指挥出错了。

在众多音乐界的权威人士面前，小泽征尔没有被吓倒，没有向权威低头，而是再次仔细审阅了乐谱，经过再三思考之后，他满怀信心地大声说："不！一定是乐谱错了！"他语音未落，没想到评委们竟然都站起来为他鼓掌。

原来，乐谱的确是有问题，这些都是评委们事先设计好的小实验，他们就是想知道，在权威人士的"否定"面前，指挥家们能否坚持自己的正确主张。在小泽征尔之前，就有两位指挥家被评委们设计的"圈套"给套住了。他们两人虽然也发现了乐谱的错误，可是并没有提出质疑，始终都在随声附和权威评委的意见，导致最后出局。

小泽征尔功底深厚，有真才实学，所以他能很准确地发现乐谱中的错误，而且能大胆地指出来，虽然他的面前都是音乐界的权威专家，可是他依然拿出了自己超强的自信心。有底气，就有征服权威的气场。而前两位正是没有底气，不敢挑战，所以就不会有征服他人的气场，因而没有成功。

现实生活中，有很多小人物会感到底气不足或者没有底气，其根本原因是因为他们承受了太多的压力，这些压力主要来自两个方面：工作任务重，应酬繁多，不想得罪人；同时经济上也有负担——收入不高，然而买房、教育子女和赡养老人等到处都得花钱。这两个方面的负担让他们的精神压力过大。还有，自卑心理使自己对未来感到迷茫；自认为人际关系不好，又对自己的期望值过高，等等，这些都会给自己造成压力，底气不足，从而失去积极的气场。

其实，任何事情都有两面性，有压力也不完全是坏事。也有一些小人物正是因为压力的存在，才下决心要前进，把压力转化成了动力，当我们有了向上的动力之后，就会努力，于是就底气十足，从而使自己的气场得到提升。

底气往往是一个人实力的外在体现，有了底气，才会让自己的气场更加积极上进，才能让自己的气场洋溢着吸引人的魅力。而人们的底气并不是召之即来挥之即去这么简单，它需要以实力为前提。只有有实力，才会有底气。

所以，作为普通小人物的我们，要先给自己不断充电，提高自己的实力，当实力提高后，底气自然会十足，底气十足就会气场十足，气场十足就能让小人物的人生之路越走越宽。

改变精神状态，利用气场的正向力量

气场力是由内而发的能量，它会在悄无声息之中影响和改变一个人的行为、态度和信念。如果这种能量是正向的，它就是兴奋剂，能让人积极乐观，事事顺利；如果这种能量是消极的，就会让人萎靡不振，做什么事都不会顺利。

我们知道，日常行为是精神面貌的体现，如果我们表现得积极向上，那么就会对周围的人有一种正向的带动和激励；如果我们精神萎靡不振，做什么都提不起精神来，就会让周围的人看了都不舒服，我们的负面情绪也会影响到其他人。

下面这个案例就从反面告诉了我们：一个良好的精神面貌，对一个小人物的正向气场力的形成和展现有多么重要。

小兰在周末疯玩了两天，因此周一的早上，她就睡过了头。她急急忙忙地洗漱完毕，也顾不得精心打扮，匆匆跑出了家门。刚冲出所住的单元门，就和一个老奶奶撞了个满怀，小兰的胳膊被老奶奶的菜篮子硌得生疼。小兰下意识地喊了一声："倒霉！"

这一喊不要紧，反而惹恼了老奶奶，老奶奶的火马上就起来了。"什么！倒霉？你还倒霉？年纪轻轻不好好走路，撞了我，你还抱怨？

我这么大岁数了，能跟你们年轻人比吗？经得起这样撞吗？”老奶奶对着小兰一顿数落。

看着老奶奶怒气冲冲的样子，小兰心里就更不痛快了，她冷冷地答道：“我又不是故意的，你说那么多，难不成想敲我竹杠？”老奶奶见这个丫头一张冷冰冰的脸上一点歉意都没有，就更生气了。“什么？说我敲竹杠？我这叫敲竹杠吗？明明是你撞了我，是你不对。我要是有个好歹，你就逃不了责任。真是的，现在的年轻人就是没素质！看看你，绷着张脸，好像谁欠了你钱似的！你上班要迟到？你怎么不早点起来？就知道睡懒觉。看你这样子，迟到也是活该，估计你干活也不会积极，就等着挨老板骂吧！”

老奶奶的一顿数落，让小兰心情更烦躁了，心想这老家伙居然还咒起我来了！于是，一老一少在单元门前开始了吵骂，你一句我一句各不相让。吵骂声很快引起了在周围晨练的老人们的注意，大家一听事情缘由，立刻站到老奶奶那边。老人们联合起来对付小兰，指责年轻人不懂事，有几个老人甚至说像小兰这样不讲理的年轻人是不会有什么好结果的，气得小兰鼻子都快歪了。最后在居委会大妈的调解下，小兰勉强向老奶奶道了歉，才急忙跑开了。

不用说，小兰的迟到是不可避免的了。当小兰冲进办公室时，负责考勤的巧玲打趣道：“周末又玩过头了吧？迟到一个小时哦！老板要怒了！”巧玲平日为人很和善，同事们迟到个十几分钟都会手下留情，小兰平日和巧玲关系也不错，好几次都是在巧玲的帮助下才保住了“全勤奖”。可是，此时此刻，正在气头上的小兰哪里想得到这些，她一甩脸色：“怎么了？我又不是第一次迟到了，你得意什么？有本事现在就去老板那儿打小报告。你也就这点事能干了。”

巧玲被小兰的话噎在那里，脸上一阵红一阵白的。自己平时不也是这样打趣她的吗？又不会真的去向老板告状，而且巧玲本来还是打算包庇一下小兰，把她迟到的时间记少点呢！被小兰这样一闹，巧玲这样的想法一点都没了，拿出考勤表狠狠地给小兰记上了一笔。小兰见此心情更糟了，进了办公室根本没有心情工作，总在想巧玲会怎么暗算自己？老板会怎么罚自己？还有，早上在小区那么丢人，晚上回去后是不是还得被一群老人揪住教训……

这么想着，小兰开始拿手边的东西撒气，键盘敲得啪啪响，拿东西总是又摔又扔的，弄得周围的同事都不敢招惹她。有两个同事因为有工作交接来找她，她也没好气，结果人家也不给她好脸色，一天的工作变得格外磕磕绊绊。好不容易熬到了下班时刻，老板忽然招呼开会。会议上，小兰成了重点批评对象，不仅仅因为早上上班迟到，而且工作中负面情绪太重、工作不认真、破坏办公室和谐气氛，反正能挑的错误都挑出来了。小兰一肚子委屈和气愤，可是又不敢在老板面前发作，只得独吞苦果。

晚上躺在床上，小兰想了又想，觉得这一天简直倒霉透了！可是，她该怪谁呢？想来想去，最后她怪自己不该睡懒觉！要不是睡懒觉就不会着急，不着急就不会撞到老奶奶，不撞到老奶奶就不至于和巧玲发生冲突，也不至于一天都不高兴，最后还被老板骂。小兰裹紧了被子，想着：今天早睡，明天绝对要早起！

我们内心的能量无处不在，这种能量决定了我们的心态，从而决定了我们的精神状态。一个开心的人，他的脸上一定写满了开心，即使犯了错，也不会消沉；一个愁眉苦脸、满怀愤怒的人，脸上写满了消极，让人看了就想躲开。

上文中的小兰真是因为睡懒觉才导致一天的不顺吗？难道每一个因为睡懒觉而迟到的人都像她一样倒霉吗？答案显然是否定的。

我们所做的事情由我们自己掌控，而掌控我们自己的是我们的心情，是我们的精神状态，这都是由内心的气场决定的。不要不相信，我们的身体绝对是个神奇的机器，只要你学会控制它，就会让积极的气场力由内而发，投射在我们自信开朗的脸庞上。只有展现最好的精神面貌，才能铸造最强气场。

我们与不同的人接触，就会感觉到不同的气场，或高兴、或悲伤、或忧虑、或兴奋。这些不同的人给我们的不同感觉就代表着他们的“精神名片”。我们在他人眼里是什么样子？属于什么性质和色彩的人？看起来是什么等级和职位？这些都会通过我们自身的气场传达给他人，气场就是你递给他人的“精神名片”。

同样一件事情，分别以乐观和悲观的态度对待就会是两种不同的结果。生活本来就是这样，想要让自己的气场强大起来，就必须保持乐观的心境，积极面对生活中的不如意，只有如此才能在人群中活得潇洒。

作为一个小人物，想让自己在别人眼里是正面的、成功的形象，就要让自己变得积极、乐观，学会站在更高的角度看问题，给自己一个高起点的界定。由此，就能打造出“大气场”这张亮丽的“精神名片”，增添人格魅力。

身心健康的人才有强大的气场

气场是一种精神能量，心灵是产生气场的源泉。那么，气场是否与身体也有关系呢？身体对气场会有怎样的影响呢？

美国国际身心联盟终身名誉主席西恩·德玛认为，我们经常会被强大的心灵能量震撼，而忽略了身体对气场的影响。身体和心灵一样，对气场有决定性的影响。也许这个观点有些不可思议，但是，事实就是如此。

那些极具影响力的人，比如政治家、演说家、律师等，之所以拥有强大的气场，不仅是心灵的能量，还与他们的身体相关。打个比方，如果说心灵气场是子弹中的火药，那么，身体就是子弹头。心灵气场要想发挥作用，身体必须健康。没有心灵的能量，身体气场则是苍白的；没有身体气场做支撑，心灵气场就像无根的树。

西恩·德玛提出一个公式：气场 = 身体气场 × 心灵气场。当其中一个接近零的时候，整个气场就趋于零。这两者共同构建了一个人的整体气场。在生活中，我们会说有一些小人物身上透着一股劲儿，或者说他们很有活力。这种人在举手投足之间就能让别人感知到他们的背景和学识。西恩·德玛认为，这股劲儿就是生命力，也就是身体气场。

常言道：腹有诗书气自华。一个人如果饱读诗书或者是满腹经纶，那么他定有过人的才华和学识，而这些都成了他个人气质的内容，充实了他的身体气场。

《三国演义》里诸葛亮气周瑜的故事，想必大家都很熟悉了。

赤壁之战时，孙刘两军联手打败了曹操，获得大胜，从而奠定了三分天下的局势。此时，孙刘两家也开始了利益之争，都舍不得荆襄这块宝地。刘备需要以荆襄之地为根本，发展帝业；而孙权如果得到了荆襄，就可以全据长江天险与曹操抗衡。

诸葛亮让刘备屯兵于油江口，准备攻取荆州。周瑜打探到这个情况后，亲自赴油江与刘备谈判，扬言如果刘备果真要攻取荆州，周瑜便要先灭了刘备，再取南郡。诸葛亮料到了周瑜的打算，他让刘备允诺周瑜：只有当东吴攻不下南郡时刘备才攻取荆州。

周瑜为了攻打南郡，付出了惨重的代价，不但屡吃败仗，自己还受了箭伤。当他负伤累累、精疲力尽地在战场上打败了曹仁时，却发现南郡已经被赵云偷袭了，他这时才知道自己被诸葛亮骗了。周瑜气得不行，发誓："不杀诸葛村夫，怎息我心中怨气！"

没多久，周瑜几次派遣鲁肃去责备刘备不守承诺偷袭荆州，诸葛亮一席强辩，说什么刘备是皇族，本就该有土地，又说荆州本是刘表的地界，如今是弟承兄业，将鲁肃这个老实人逼得无话可说，最后双方只能协商说，荆州算是刘备向东吴借的，等刘备取了西川就还回荆州。

周瑜没有办法，就安排了美人计，把孙权的妹妹嫁给了刘备，想把刘备拘禁在东吴。结果，诸葛亮设下巧计，让刘备带着夫人安全回到蜀国，周瑜又落得个"周郎妙计安天下，赔了夫人又折兵"的笑柄，气得金疮迸裂。

等刘备回到蜀国后，周瑜见他没有取西川的迹象，便设下"假途灭虢”之计，名为替刘备收西川，其实是夺荆州。可是，聪明的诸葛亮又料到了周瑜的计划，等周瑜一上岸，就派人来追杀他，扬言要活捉周瑜。经历了这一回，周瑜被活活气死！他死前仰天长叹：“既生瑜，何生亮！”

毫无疑问，周瑜和诸葛亮都是历史上比较完美、智慧的人物。周瑜的下场其实和气场也有很大的关系：诸葛亮三番五次的设计，让周瑜一度处于极度愤怒之中，而人在生气、负有压力的情况下，会导致气场紊乱，会让一个睿智之人失去理智，得到不好的结果。由此可见，只有在任何情境下都能够保持淡定自若的人，才是具有强大气场的人。而塑造个人气场的关键，就在于要塑造自己的身心。

作为一个普通人，如果想让你的身体气场强大起来，就要观察自己的身体，寻找出正确的方式方法，并加以锻炼。西恩·德玛给大家提供了一种简单的练习方法，可以疏通身体的内部通道，提高生命力。

（1）双手手指交叉，双手握住，翻转双手，将其举过头顶，用力伸展双臂，让其尽量伸长，然后慢慢收回来，重复数次。

（2）右手搭在左肩上，左手靠着背部，身体向左扭动，然后向右扭，重复数次，左手同理。

（3）伸出右腿，右手压膝，身体向下压，左腿同理。

（4）低头、抬头、左转、右转、脖子前伸、脖子后缩，重复数次。

（5）伸开右手手指，左手手指与其交叉，让右手掌围绕右手腕关节做前后运动，左手同理。

（6）伸直右脚掌，让右脚围绕踝关节前后运动，左脚同理。

（7）将双手向后移动，挺胸，也就是我们平时做的扩胸运动，重复数次。

（8）头向上扬起，身体向后缓缓倾斜，这是挺直颈椎的动作。

（9）站直，身体向右倾斜，头、脖子、脊柱、腰部都尽量右倾，左右重复数次，然后向前倾，让手尽量触到地面，重复数次。

（10）紧握双手能够激活手掌和手指的能量，用力握住，持续几秒，然后放松，重复数次。

这些练习方法总结起来就两个词：伸开，绷紧。将这两个词用到你身体的各个部位，如此，你就拥有了一套身体气场的练习方案，从而激活你的身体，让生命力在体内顺畅运行。

身心健康的人才有强大的气场，对此哈佛公共卫生学院疾病预防中心的专家提出以下建议：一是加强营养；二是学会适度减压，以保证健康、良好的心境；三是培养广泛的兴趣爱好，这会使人受益无穷，不仅可以修身养性，而且能够辅助治疗一些心理疾病；四是及时调整生活规律，劳逸结合，保证充足睡眠；五是增加户外体育锻炼活动，每天保证一定运动量；六是戒烟限酒；七是养成良好习惯，如勤洗手、经常更换鞋子等，做到这些，相信我们的气场力就会明显不一样了。

如此，我们就会轻松提升自己的身体气场力，真正让自己的气场强大起来，气场强大了，事业之路就会走向快车道，你的人生之路从此将会与众不同。

第二章
格局决定气场，小人物也要有大格局

Chapter 2

有大格局的人有大气场，有大气场的人才能成就大事业。

格局决定你的气场能量

古往今来，叱咤风云的大人物都拥有大格局，他们未雨绸缪，高瞻远瞩；他们运筹帷幄，决胜千里，在强手林立的纷乱时世中，谋成大事。作为一介小人物，我们也要成为心有大格局的人，这样才能拥有自己独特的大气场，才能够纵横天下，设计并掌控自己的人生，登上人生理想的高峰。

皮克·菲尔博士在《气场》一书中提道：“一个人的气场是由三部分组成的：格局、势和人气。”格局是指谋篇布局的能力和周密的计划，完美体现一个人的气场高度和宽度；势是指在恰当的时机展现自己的雄心或理想；人气是内在的势与格局，决定着一个人的外在。人气是内因，势代表激情，格局则是更重要的理性。

阿基米德有句话：“如果给我一个支点，我能撬起整个地球。”世界上没有什么东西是不能掌控的，气场也一样，它是能用人的思想主动控制的力量。只要扩大自己的人生格局，就能逐渐改变自己的气场。对一个人，尤其是对于普通的小人物来说，格局越大，气场散发出来的能量就越大。

曾国藩说：“谋大事者首重格局。”一个拥有大视野和大格局的人，自然善于谋篇布局、借势造势，哪怕外表看起来是一无所有的小人物，胸中却似拥有百万雄兵。古今中外，大凡成就伟业者，无一不是当他们还是小人物时就能够从大处着眼、从细节着手，一步一个脚印地构筑他们辉煌的人生大厦。

老虎之所以能成为百兽之王，是因为它们拥有王者的气场，敢于把比自己更大的动物当成猎物，敢于向它们发起挑战，敢于蔑视一切对手。

其实，对于人类而言也是同样的道理。保持自己独立的个性，在工作和生活的过程中学习老虎的王者气场，让自己的个性得到展现，就会对事业的发展起到重大的推动作用。

当年，比尔·盖茨在读中学的时候和他的好友艾伦建立了“湖畔编程小组”，开始为当地公司开发软件。

经过一段时间的运营，艾伦企图独自承揽业务，这让比尔·盖茨感到很气愤，争吵之下，比尔·盖茨离开了公司。可是，艾伦很快就发现个性独特的比尔·盖茨是不可缺少的，少了他，公司的竞争力就会下降很多。于是，他又邀请比尔·盖茨回来工作。

“我当然是可以回去的，”比尔·盖茨告诉艾伦，“但我有个条件，公司必须由我来负责，而且我习惯当负责人。”艾伦没有其他更好的办法，只能依着比尔·盖茨，让他做了负责人。

罗伯·格雷瑟曾经是微软的一位经理，他说，当初，自己很钦佩比尔·盖茨的远见，可是，比尔·盖茨很无情，他信奉的是“物竞天择，适者生存”的原则，而不追求双赢，总是想方设法让别人失败。在比尔·盖茨的眼里，成功的定义就是消灭竞争对手，而不是创造杰出。

对于这样的观点，比尔·盖茨也给出了自己的解释：“倘若我不冷酷无情，那我们怎么不断推出更具创新性的软件？我们宁愿消灭竞争对手而不是培育市场，这是彻头彻尾的谎言。”“这个市场是谁培育出来的？是我们，是谁在规模比我们大很多倍的公司攻击中经受住了考验？”他边说边指出了每位竞争对手，“他们的竞争手段和我们相比毫不逊色。我们能获得成功就是因为我们雇用了最聪明的人。我们能及时根据用户的反馈而改进产品，直到产品做得尽善尽美。我们每年都要举行研习会，思考世界会向哪个方向发展。”

信念和能量可以改变气场，比尔·盖茨的与众不同之处就是他拥有大格局和王者信念。他的成功告诉我们，一个人要相信自己会成长为参天大树，而不是当一辈子小人物，要竭尽全力向高处攀爬，扩大自己的视野和格局让自己的气场得到最大限度的发挥。

一个人，要想拥有大气场，必须要先建立大格局。柳传志、潘石屹、王石……这些具有超强人气的人，能成为行业的领头羊，他们的身边能有众多的有为之士，这些都是强气场和大格局作用的结果。

《庄子》秋水篇中提到：井蛙不可以语于海者，夏虫不可以语于冰者。格局大的人有前瞻眼光，能够看到别人看不到的，能够认识到别人认识不到的东西。格局大了、眼光远了，个人的气质和认识得到升华了，那么其气场也就会越来越足了。

大格局能让小人物变成大人物

人生需要格局，拥有怎样的格局，就会拥有怎样的气场和命运。在工作和生活中，不管你是赫赫有名的大人物，还是名不见经传的小人物，只有你把自己放到最高点时，你看问题的角度才会更高，才能纵览全局，把握时势，画出人生的绝美画卷。

很多大人物之所以能成功，就是因为他们从自己还是小人物的时候，就开始构筑人生的大格局。格局影响气场，气场促进成功。格局有多大，人生的舞台就有多精彩。每一个想成功的人，都要拥有一个大格局。

一个人的气场往往决定一个人能够做多大的事情。以自我为中心，胸无大志，具有这样小格局的人就算面临了重大的机遇、具有超常的能力，又能做出什么成就来呢?

人的一生，不如意事十之八九，既有阳光灿烂，也有风雨兼程，如果总是放大自己的荣辱得失，那么一粒微尘就足以遮住整个太阳，这样小格局的人生必定失败。在面对挫折、苦难时，能够拥有一份豁达的情怀，能够保持一种积极向上的人生态度，这样的人，还怕不能成功吗?

所以，作为普通人的我们，一定不要为自己的平庸无为而苦恼愤懑，也不要盲目地羡慕别人的好运与成就。你要做的就是，反思一下自己是否有足够大的格局迎接人生中的一切：被人误会时，是否能宽宏大量地对待一切；遭遇不幸时，是否有足够的坚强乐观；面对困难时，是否敢于鼓起勇气担当……就算你是一个默默无闻的小人物，倘若做大人生格局，即使挫折再多，你也一样可以好运连连，也会慢慢成为一个大人物！

霍英东叱咤商界半个世纪，他可谓是个声名显赫的大人物，但是他从来都认为自己就是个普通人，就是个小人物，他始终如一地注重打造自己的人生格局，做一个做大事情的小人物。他懂得如何经商，但更懂得如何做人，他说："做人，关键是问心无愧，要有本心，不要做伤天害理的事……"成为巨富后，霍英东从未忘记回报社会："……今天虽然事业薄有所成，也懂得财富是来自社会，也应该回报于社会。"他在内地投资、慷慨捐赠，却自谦为"一滴水"："我的捐款，就好比大海里的一滴水，作用是很小的，说不上是贡献，这只是我的一份心意！"只有拥有人生大格局的人，才能拥有这样博大的"一份心意"。

众所周知，可口可乐与百事可乐的激烈竞争从来就没有停止过。1980年，古兹维塔担任可口可乐公司的CEO（首席执行官），当时可口可乐的市场正在被百事可乐蚕食，可口可乐的管理者为此很着急。

此前，可口可乐公司其他的管理者把竞争的焦点全部集中在百事可乐身上，只想着如何让可口可乐一次增长0.1%的市场占有率。古兹维塔经过思考，毅然决定停止与百事可乐的这种正面竞争，而改为与0.1%的成长相当的另类市场进行角逐。他派人进行市场调查，然后把调查的结果展示给其他管理者。

美国人一天的平均液态食品消耗量是多少？答案是14盎司。可口可乐在其中有多少？答案是2盎司。

“你们看出什么了吗？”古兹维塔说：“可口可乐需要在那块市场提高占有率。就是说我们的竞争对象不是百事可乐，而是要占掉市场剩余的12盎司的水、茶、咖啡、牛奶及果汁。当大家想要喝一点什么时，应该是去找可口可乐。”

为了达到这个目的，可口可乐在每一个街头都摆上自动售货机，销售量也因此节节攀升，基本占领了液态食品市场。通过这种做法，可口可乐很轻松地就把百事可乐远远抛到了身后。“忘了地平线，你才能够飞得更高”。古兹维塔正是因为眼界高远，不只是关注百事可乐这一家竞争对手，所以才能飞得更高。

俗话说：“站得高才能望得远。”人生就像攀登高峰，只有把自己的定位放在最高点，坚定不移地想要站在山顶俯瞰全景，然后放大格局，勇敢地走好每一步。我们就因此拥有了高品质的人生，也就从一个“小人物”变成了一个“大人物”。

心中有“局”，借助外力成就自己

下围棋的人都懂得把握“大局”，心中无大局，必败无疑。如果把“大局”一词放在经济领域，则指一国乃至全世界的总体局势。正所谓“不谋万世者不足谋一时，不谋全局者无以谋一域”。所以，如果你不甘心当一辈子的小人物，那你就一定要有大局观。中国人非常看重人际网络，称为“人脉”。大多数成功者，都是善于借助外力。

在美国，有一位被人们称为“红色资本家”的著名企业家，他就是亚蒙·哈默。

亚蒙·哈默 1898 年出生在美国，一生充满传奇色彩。他涉足的领域之广，令很多企业家赞叹；他创造的财富王国，令很多企业家望尘莫及。

哈默并非出身于名门望族，他的财富王国是他自己一点一点打拼出来的。在他的创业历程中，不难发现他善于借势借力的英明之举。

哈默的第一桶金就是靠借外力挖到的。

那一年，哈默只是一名 16 岁的高中生，可以说是一个名副其实的小人物。一天，哈默无意中从报纸的广告中看到了一份自己可以胜任的工作：一家糖果商需要送货员，酬金是每天20美元，条件是必须自备运输工具——汽车。于是他决定向哥哥借钱买一辆二手车，他向哥哥保证不久后一定归还。结果，没多久他就还清了哥哥的钱，拥有了自己的汽车，并且钱包里还有余额。

真正显示出哈默经商天赋的是大学时期的“力挽狂澜”之举。

当哈默的父亲投资的制药公司濒临破产时，哈默正在哥伦比亚医学院就读。他的父亲不想就这样放弃这个公司，但自己身体又不好，所以，父亲决定让哈默去当公司的总经理，但不许哈默退学，父亲相信哈默有这个能力。

哈默果然没有辜负父亲的重托。他首先为公司改了一个响亮的名字——联合化学制药公司，又组织了一支精干的推销员队伍，经过一段时间的努力，公司不仅走出了破产的困境，而且跻身于大型制药企业的行列。哈默个人也因此成了闻名全国的“百万富翁大学生”。

在哈默使公司起死回生之际，他的学业并未因忙于生意而荒废，反而成绩优异。他的大多数考试成绩都是“A”，被评为毕业班里“最有前途的学生”。

那么哈默是如何做到事业和学业两不误的呢？在此，哈默善于“借”的思想再次体现出来，不过这次不是借钱，而是“借头脑”。

由于白天大部分时间都用在了制药公司的身上，没办法去上课，所以哈默想到了一个“借头脑”的办法：他以免费提供食宿为条件，请了一个家境贫困而学习优异的同学和他住在一起，这位同学需要做的是每节课都得去上，并且做大量的笔记，晚上带回来给哈默，供哈默学习，以便应对考试和写论文。

这就是哈默的聪明之处，当自己分身乏术时，他想到了找一个替身，借别人的头脑来帮他听课，如此善借之人岂有不成功的道理。

哈默与政界人物的结缘以及借大局成就其事业，始于他的苏联之行。

1921年，刚刚获得医学博士学位的哈默做出了一个影响了他一生的决定——去苏联访问。哈默之所以关注苏联，不仅仅因为他是俄国移民的后裔，更缘于他父亲是一名布尔什维克人。十月革命之后，哈默的父亲曾多次向被封锁的布尔什维克政权提供必需品。

哈默的苏联之行大有破釜沉舟之势。他卖掉了制药公司，还花钱买了大量的药品和医疗设备，他要给父亲的故国送些礼物。

在乌拉尔地区考察时，哈默发现了一个令他困惑而又很感兴趣的现象：这个地区一方面蕴藏着巨大的宝藏，白金、宝石、毛皮等贵重物品几乎应有尽有；另一方面却饥荒严重，饿殍遍野，缺乏最起码的生活必需品。

进一步的调查使哈默明白了其中的原因：于外，当时的苏维埃政权刚刚被解除封锁，再加上意识形态的差异，还尚未与外界建立贸易关系；于内，政府忙于新政权的建设，经济建设刚刚起步，列宁的新经济政策刚刚开始实施。哈默还了解到，那一年美国粮食大丰收，于是他想到把这些白金、宝石、毛皮等贵重物品出口到美国，再从美国换回粮食，如此，必是双赢之举。

哈默把这一想法告诉了当地的当权者，他的建议很快就上传到列宁那里。心忧百姓的列宁被哈默感动了，列宁很快就给了哈默答复：同意并立即实施哈默的想法。哈默与列宁的友谊也始于此。

哈默在苏联一待就是十年，在这十年里，哈默投资苏联矿业，帮苏联人建铅笔厂，等等，同时也积累了自己的财富……

没有人去质疑哈默去苏联的初衷，作为美籍俄国移民的后裔，作为信仰布尔什维克主义的人的儿子，他有理由去帮父亲完成心愿。但哈默最终能够利用他的苏联之行发迹，是因为他不仅仅是一名医学博士，还是一名商人，他用商人的眼光去审视苏联国内国际形势，看到了巨大的商机，于是，他借用苏联的国内国际形势这一大局来成就了他的事业。

然而，事业并未就此而止，从苏联回到美国的哈默继续演绎着他的财富神话。

20 世纪 30 年代，整个西方都陷入了经济危机的泥沼，美国也难逃此劫。当美国人都沉浸于悲痛绝望之时，哈默却看到了希望：他认为主张新政的罗斯福问鼎白宫的可能性最大，一旦罗斯福主政白宫，推行他的新政，那么，1919 年颁布的禁酒令将被废除，届时，全美对啤酒和威士忌的需求将激增，酒桶数量也会呈现出空前的需求，而当时市场上却没有酒桶出售……

先下手为强，哈默当机立断，投资制桶业，成立自己的酒桶制造厂。历史再次证明了哈默的远见卓识。罗斯福当选，禁酒令被废除，他的酒桶被各地制酒商高价抢购一空。哈默并未满足，又涉足酿酒业，他创制的丹特牌威士忌酒成为全美一流名酒。

哈默再次凭着他的大局观，为他的财富王国添金加银。

此后，哈默又涉足种牛业、石油业，继续为世人上演他的不败传奇。他养种牛能从一个门外汉成为种牛业公认的领袖；他创办的石油公司作为后起之秀，不仅能从当时被西方七大石油公司所把持的市场这块蛋糕中切下一块，而且还紧随七强之后，改写了七大石油公司统领世界石油市场的历史。

从哈默的成功中，可以得出这样的结论，一名成功的企业家不仅要有经济头脑，还要有政治头脑。即便是小人物也要心怀天下，放眼世界，从大处着眼、小处着手，方能找到有利于自己的局势，借“大局”之东风，铸制胜之剑。

让独立人格塑造独特气场

气场是一道道能量波，气场与气场之间往往相互碰撞、彼此影响、互相融合。

弱小的气场常会被比它强大的气场淹没。我们说一个人没有气场，并不是说他是真的没有气场，而是说他的气场过于弱小，太容易被其他的气场掩盖，甚至会主动模仿其他人的气场。

在现实生活中，这类缺乏气场的人，往往具有一个共同的特点——缺乏独立人格。这样的人依赖精神权威，依附外在力量，没有独立的思想，被动地接受别人的价值观。他们无时无刻不受到来自外界的精神束缚，别人的评价很容易会影响到他们自己的看法，于是他们的气场也很容易被别人的气场覆盖。

反之，一个拥有独立人格的人，哪怕他是个小人物，但是他的思想和价值观相对来说是特立独行的，他的气场也因为独特而强大。他的气场不会被别人影响，即便他流落街头，穷困潦倒，物质的匮乏，也丝毫不会影响他内心的力量。

在一个寒冷的傍晚，伦敦地铁车厢里的乘客稀稀落落的。这时候，上来一对残疾的母子。母亲是个盲人，男孩看上去还不到10岁，他只有一只眼睛能看到东西。在小男孩的引领下，母亲一步步缓慢地摸索着走到车厢中央。这时，小男孩说话了："各位女士先生，晚上好，我的名字叫比尔，下面我为大家唱几首歌，希望大家喜欢。"

尽管歌声真的非常甜美，但是大家都漫不经心地听着。因为每个人都在猜测着小男孩唱完歌以后的举动。

果然不出大家所料，当几首歌曲唱完之后，这个男孩走到车厢一端，开始"行乞"。但他既没有托着盘，也没有直接把手伸到乘客面前，只是走到乘客身边，叫一声"先生"或"小姐"，然后默默地站在那儿。乘客们都知道他的意思，但很多人都不予理睬，或干脆视而不见……

当小男孩两手空空地快走到车厢尾部的时候，一位中年男子大声地嚷嚷起来："真是见鬼，伦敦的乞丐竟然这么多，连地铁里都是乞丐！"

一下子，车厢里几乎所有人的目光都集中到这对残疾母子的身上，而这个小男孩表现出了与年龄极不相称的冷峻与镇定，他坚定而又缓慢地说："对不起，先生，你说错了，我不是在乞讨，我是在卖艺。"

车厢中所有的人刹那间活跃了起来，这时候，竟然有人带头鼓起了掌，然后整个车厢掌声雷动。

故事中的小男孩可以说是一个名副其实的小人物，但是，他并没有因穷困潦倒而丧失自己的独立人格，尽管以卖唱为生，但他依然保持着心中的自我认同，他的精神是强大的，不会因他人鄙夷的眼光而放弃自尊。

拥有独立人格的人，往往拥有自己的价值评判标准，不会被他人的价值准则左右，他们坚持原则，因此他们的气场独特而强大。小男孩独立的人格为他带来了独特的气场，他的气场没有被覆盖，反而影响了他人，并最终赢得了真正的尊重。

用大气量、大格局提升气场

气场是人的精神能量的外化，换言之，一个人的内心越强大，他的气场也越强大。如何才能让自己的内心强大起来？法国作家雨果说："世界上最广阔的是海洋，比海洋更广阔的是天空，比天空更广阔的是人的胸怀。"

胸怀宽广的人自然有一股浩然正气，于无声之中便能影响身边的人。强大的气场来自一个人的格局，古往今来，拥有大气场的人无不是心胸宽广的人。如果说气场是一棵参天大树，那么宽广的心胸就是它的根。

气量就像一个容器，它的大小能影响一个人气场的强弱，它也是人生的一种格局。看得开、拿得起放得下、气量与格局大的人，就能容纳其他性质的气场进来。我们知道，当不同性质的气场相遇时，巨大的能量能让相遇的这些小气场结合成一个大气场，而新产生的这个大气场，它的能量也较之以前大为增强。相反，如果一个人心胸狭窄，只顾自己的私欲，容不下与自己意见有分歧或比自己强的人，凡事斤斤计较，那他就很难容纳其他气场，甚至还会让原本具有的气场能量愈来愈小。

《三国演义》中的周瑜，是东吴的都督，年轻有为、足智多谋、屡立奇功，善于以自己的机智勇猛战胜对方，可谓智勇双全。然而，这样一位不可多得的将才最终竟英年早逝。在书中，周瑜之死的原因之一就是气量与格局太小，从“诸葛亮三气周瑜”这个故事中足以看出。虽然周瑜才华横溢，但是他心胸狭隘，内心长期备受嫉妒的煎熬，最后英年早逝。

生活中，我们会遇到形形色色的人，有人待人宽厚、仁慈，有人小肚鸡肠、自私、卑鄙，但不论与谁交往，我们都不可能要求对方事事让我们满意。在人际交往中，气量显得尤为重要。

气量与格局小的人，往往不能容忍别人比自己优秀，也容忍不了和自己存在分歧的人，时间长了，交往的圈子就非常狭小，自己也就变得越来越孤立。在人际交往中，哪怕你是一个小人物，你也要以宽广的胸怀去接受分歧，用气量包容误会。只有气量大，才能提升人生境界，在你有困难的时候才会得到更多帮助。

一个人的气量有多大，他的气场能量就有多大，获得的成就也就有多大。狭隘的人不会拥有强大的气场，不能吸引、影响周围的人，这样的人终其一生注定只能当一辈子小人物。气量大的人则相反，他们拥有强大的气场能量，能让周围的人信赖跟随，而这样的人往往会很成功、很快乐。

某公司一部门经理职务空缺，公司从内部提拔，好多人都在竞争这个职位，其中以郭瑞和赵毅最有实力。虽然郭瑞更有能力，但由于赵毅和老板是亲戚，最终，赵毅出任了这个职位。大家都为郭瑞抱不平，但郭瑞说赵毅能力不弱，确实能够担当这一职位，而且还带头向赵毅表示祝贺。郭瑞的这种大度，让赵毅很是意外和感动。在这一年的绩效考核中，郭瑞是部门中成绩最高的，并因此获得了出国培训的机会。

郭瑞的能力高出赵毅，但如果他因为落选的缘故而迁怒于赵毅，甚至在以后的工作中不积极配合赵毅的工作，那么他就不可能会获得出国培训的机会。气量带给你的不仅是和谐的人际关系，更有获取更大成功的机遇。

气量犹如器之容水。器量大则容水多，器量小则容水少，器漏则上注而下逝，无器者则有水而不容；气量大的人，容人之量也大，能和各种不同性格、不同脾气的人融洽相处，能兼容并包，听得进批评自己的话，也能忍辱负重，受得住误会和委屈。

从前有一个人，他很不快乐，整天为了一些鸡毛蒜皮的小事唉声叹气。为了改变这种状态，他请教一位德高望重的老者时说：“我总是烦恼，爱生气，请您开导开导我吧！”

老者说：“你先去集市买一袋盐。”

这人买回来后，老者吩咐道：“你抓一把盐放入一杯水中，待盐溶化后，喝上一口。”

这人喝完后，老者问：“味道如何？”

这人皱着眉头答道：“又咸又苦。”

然后，老者又带着这人来到湖边，吩咐道：“你把剩下的盐撒进湖里，再尝尝湖水。”

这人撒完盐，弯腰捧起湖水尝了尝，老者问道：“什么味道？”

“纯净甜美。”这人答道。

“尝到咸味了吗？”老者又问。

“没有。”这人答道。

老者点了点头，微笑着对这个人说道：“生命中的痛苦就像盐的咸味，我们所能感受和体验的程度，取决于我们将它放在多大的容器里。”

这人若有所悟，后来学会了容人宽己，慢慢地变得快乐多了。

其实，故事里老者所说的容器就是我们的气量与格局，它的“容量”决定了感受痛苦的程度，气量与格局越大，烦恼越轻；气量与格局越小，烦恼越多。其实，在人的一生中总会遇到许多痛苦，如果你的气量与格局有限，就会和这个人开始时一样，尝到的只能是又咸又苦的味道。

所以，不管从哪方面考虑，我们都应该让自己的心胸、气量和见识等开阔一些，变大起来。以积极的态度去克服气量小、心胸狭隘的缺点。作为一个小人物，我们不妨从以下几个方面着手。

1.拓宽心胸

有首诗中说：“往事如烟俱忘却，心底无私天地宽。”要想改掉自己心胸狭隘的毛病，首先要加强个人的品德修养，破私立公，遇到有关个人得失荣辱之事时，要想想国家、集体和他人，要想想自己的人生目标和事业前途站在大格局下思考问题，视野和心胸都会开阔很多。

2.丰富知识

一个人的气量和他的知识修养有着密切的关系。知识渊博了，立足点就会高，眼界也会变得开阔，那时，就会对一些“身外之物”拿得起、放得下、丢得开，就会“大肚能容，容天下难容之事”。培根说：“读书使人明智。”经常读一些心理健康方面的书籍，对于开阔自己的胸怀裨益不小。

3.缩小“自我”

提醒自己不要期望过高，适当来点阿Q精神，与现实并轨，适当降低期望值。如果你在条件不利的情况下，仍然坚持抱着一成不变的期望，不愿做任何改变，不努力去使愿望和现实达到平衡，那么你就会很快被可怕的现实激怒，事情也会变得更糟。

不给人生设限，给气场留出舞台

洛克菲勒曾经说过："即使是把我现在所有的财产都拿走，把我脱个精光放在沙漠里，只要给我足够的时间和一支经过沙漠的商队，我也会很快再次成为百万富翁！"这就是成功者的气魄，拥有这样气魄与格局的人，不要说他是洛克菲勒这样的大人物，哪怕他只是一个小人物，也是可怕的。他具有成功的最大资本就是气场！气场就是信念，气场就是决心，气场就是魄力！

有一位黑人女性名叫奥普拉·温弗莉，她体重90千克，出生于美国的一个贫民区，她的父母是一对未婚的年轻人，母亲生下她的时候，还很年轻。没有能力抚养她，只能寄养在亲戚家。寄宿在亲戚家的奥普拉从小受尽虐待，甚至给她留下了一生的伤痛。奥普拉·温弗莉曾把家里弄得乱七八糟，假装被打劫的样子，甚至偷走了母亲的钱包。她和伙伴们鬼混，抽烟、吸毒、喝酒，越陷越深，她的青春犹如在肮脏的大染缸里浸泡过，母亲甚至想将她送进少管所。

直到14岁的时候被接回家，奥普拉才第一次看见自己的亲生父亲。她一直以为自己已经没有希望了，当时也没有人愿意正眼看她。但是她很幸运，因为父亲是唯一没有放弃她的人。在后来的日子里，奥普拉决定改写自己的人生。她在新的环境中改头换面了，她参加了学校的戏剧俱乐部，而且经常在学校的朗诵比赛中获奖。有一次，她在费城举行的有1万名会员参加的校园俱乐部演讲比赛中，还赢得了1000美元的奖学金。

后来奥普拉进入了大学，她有机会踏进所有电视人梦想的CBS（哥伦比亚广播公司）的大门，她开创了充满感情的新闻表述方式，与传统主持人刻板庄严的风格迥异。这种风格没有一下子被CBS接受，却得到了另一家电视台的青睐。不过，这家电视台希望她去纽约接受整容手术，但奥普拉的底子太差，美容师望而却步，整容之事也就不了了之了。

其实，不仅是外貌上的原因，当时美国的主持界鲜有女性，甚至有人说“女人的声音听起来缺乏可信度”。但是奥普拉证明了这是谬论：她主持的《人们在说话》脱口秀，收视率一路飙升，超过了当年所有脱口秀节目。她另外主持的《芝加哥早晨》栏目，从一个下三流的脱口秀一跃成为收视率第一的金牌栏目。后来，《芝加哥早晨》更名为《奥普拉·温弗莉脱口秀》，在全国120个城市同步播出。

就这样，奥普拉·温弗莉突破了一个又一个自己。有一段时间里，奥普拉也曾经觉得自己没有任何希望了，但是后来她不断尝试，不断努力，最终获得了巨大的成功。其实，很多人都输在了自我设限上。绝大多数人都会以过去的自己来判断未来的自己。但事实是，未来的自己完全可以成为自己梦想中的样子。

世界上最难攻破的不是那些坚固的堡垒和城池，而是自己的“心墙”。当一个人为自己设置“心墙”的时候，他的气场也就无法施展出力量。所以说，心理高度决定人生的高度，你的气魄决定你的气场！在这个开放的时代，想成功，就要放下内心的条条框框，放大自己的人生格局才能成就自己的人生。成功永远没有上限，解放自己，小人物也能在人生的大舞台上成就精彩！

如果你想让自己的生命更有活力，首先你要觉得自己很有活力；如果你想让自己很健康，首先你要觉得自己很健康；如果你想让自己的日子更幸福，你就必须带着一颗幸福的心去生活……

你想要什么，气场就会把你的生活变成什么。所以，想让自己成功，那么你就得让自己看起来像个成功者，即使你离成功还有一段距离。

哈里森是个典型的小人物，他来到丹佛市，住在第二大道的一套小公寓里，他想在这里开始创业生涯。

很长一段时间里，没有一个人认识哈里森，因此他必须计划好为自己的房地产事业铺平道路的每一个步骤。他要做的第一件事就是尽快加入该市的“快乐俱乐部”，去结识那些出入该俱乐部的社会名流和百万富翁。对哈里森这样一个无名小辈来说，要想进这样高档的俱乐部，实在是很不容易，但他还是决定去大胆尝试一番。

哈里森第一次打电话给“快乐俱乐部”时，刚说完自己的姓名，随着一声斥责，电话就被对方挂了。哈里森仍不死心，又打了两次，结果仍遭到对方的嘲弄和拒绝。

“这样坚持下去，将毫无结果。”哈里森望着电话机喃喃自语。

突然，他心生一计，又拿起了电话。这次他声称有东西送给俱乐部董事长。对方以为他来头不小，连忙将董事长的电话号码和姓名告诉了他。

哈里森立即打电话给“快乐俱乐部”的董事长，告诉他自己想加入俱乐部。董事长没说同意也没说不同意，却让哈里森来陪他喝酒聊天。

通过喝酒聊天，哈里森逐渐与这位董事长建立了良好的关系。几个月后，在董事长的特殊关照下，他如愿以偿，成为“快乐俱乐部”的一员。

在俱乐部里，哈里森结识了许多富商巨贾，建立了良好的关系网。

1972年，丹佛市的房地产业陷入萧条，大量的坏消息使这座城市的房地产开发商们心情受挫，丹佛人都在为这个城市的命运担忧。然而在哈里森看来，丹佛市的困境对他来说无疑是天赐良机，从前那些对他来说是可望而不可及的好地皮，现在可以以较低的价格任意挑选收购了。

就在这时，哈里森从朋友处得到一个消息：丹佛市中央铁路公司委托维克多·米尔莉出售西岸河滨50号、40号废弃的铁路站场。

哈里森凭着自己敏锐的眼光和丰富的经验判断出：房地产萧条是暂时性的，赚大钱的好机会就在眼前。为此，他把自己所拥有的几个小公司合并起来，改称为“哈里森集团”，以使自己更具实力。

第二天一早，哈里森便打电话给米尔莉，表示愿意买下这些铁路站场。

他们很快便达成协议：“哈里森集团”以200万美元的价格购买了西岸河滨的那两块地皮。不久，房地产升温，哈里森手中的两块地皮涨到了700万美元。他见价格可观，便将地皮脱手了。

经过许多人的帮助以及自己的努力，哈里森终于挣到了人生的第一桶金——500万美元。此后，开始了他在美国辉煌的经商生涯。

让自己看起来像个成功者，可以增加自信心。当你像成功者那样思考，像成功者那样行动，像成功者那样说话时，哪怕你是个小人物，你同样也能很强烈地感受到，你就是个成功者。这种感觉能够激励你像成功者一样进取，可以让你在无形中拥有成功者所具有的气场，它像波纹一样连绵不断，在最大范围内影响、改变着他人……这样的人离成功还会远吗?

气场在一个人的成功道路上起着不可估量的作用，成功者都是因为培养出了自己强大的气场，才从小人物的位置上成为卓越的人。所以，

不管你现在是不是成功者，为了更接近成功的目标，就要让自己看起来像个成功者，时刻保持成功者的姿态和气场，这样更容易成为真正的成功者。

第三章 操控情绪，让你的气场充满正能量

Chapter 3

悲观、愤怒、抱怨、抑郁……这些不良情绪都是积极气场的污染物。如果想让别人认同你、喜欢你，并拥有成功的人生，就要掌控好自己的情绪，让自己充满正能量。

从“心”开始，小人物也能控制气场

现代社会飞速发展，我们每个人每天都要从外界接收大量的信息和能量。人人都要接受挑战、面临压力。不可避免地，会有很多负面的信息和能量侵入我们的身心与灵魂，使我们的能量削弱，气场受到污染。所以，我们必须要启动气场守护程序，从心开始，清除灵魂的垃圾！

竞选总统之前，林肯是一个没人知道的小人物，很长一段时间，他只是一名小律师。

有一天，他接待了一位老妇人。这位老妇人是独立战争烈士的遗孀，只能靠抚恤金维持生活。可是她竟然受到了保管抚恤金的出纳员的威胁，强行让她支付手续费才可以领取抚恤金，而这笔手续费就等于抚恤金的一半。血气方刚的林肯律师十分气愤，决定免费为老妇人打官司。

法院开庭后，一个关键性问题出现了。由于出纳员是口头勒索，并没有留下任何证据，形势对于老妇人和林肯极为不利。但这时林肯仍旧十分沉着和冷静，他巧妙地利用了情绪感染来打这场官司。

林肯眼含着泪花，讲述了英帝国主义曾经对殖民地人民的压迫，爱国志士如何奋起反抗，如何忍饥挨饿地在冰雪中战斗，为了美国的独立而抛头颅洒热血……

最后，他总结道："现在，战争已经过去，英雄已逝，但是他们的亲人却孤单冷清地生活在这世上，靠抚恤金生活。然而，某些人还要勒索她那一点微不足道的抚恤金，有良心吗？她无依无靠，不得不向我们请求保护时，试问，我们能熟视无睹吗？"

这时法庭内外充满了哭泣声，连被告的良心也被唤醒，再也不矢口否认了。法庭最后通过了"保护烈士遗孀不受勒索"的判决。

这个案子并没有证据，按理说很难成功，可林肯却赢得了官司。这应归功于他的情绪感染，激起了听众及被告的同情心，达到了理智与情绪的有机统一，起到了征服人心的作用。

同情心是所有人类共同的特征，小人物也不会例外。合情合理的语言会引发一种叫作同情的能量，最终帮助弱者守得云开见月明。所以在很多时候，用感情打动别人，激起别人的同情心，比一味滔滔不绝地讲大道理会更有效果。

同情心是激起情绪感染的重要条件。因此在解决问题时，应该调动听者的同情心，使听者首先从感情上与你靠近，产生气场上的共鸣，这就为你问题的解决打下了基础。人都是感性动物，只要你将受害的情况和你内心的痛苦如实地说出来，听者都会动心的。

同情心可以促进当权者对受害人的理解程度，但是并不一定就会使问题马上得以解决。因为处理者要考虑多方面的情况，而此时，他心中的正面能量和负面能量就会不停地交锋。他可能会犹豫不决，甚至会抱着多一事不如少一事的态度，不想过问。这时候，当事人就要再次使用语言对处理者进行二次情绪感染，努力激发处理者的责任感。只有如此，才能使事情得到顺利的解决。

用性格魅力铸就无敌气场

性格能够展现一个人的气场，不管你是一位伟大的领导人，还是一个默默无闻的小人物，你的性格魅力就是广征天下的通行证，因为它能给你一个不一样的气场，让你在无形之中赢得人生。

被誉为“世纪最佳女演员”“亚洲最美丽的女性电影演员”的秦怡，在快步入90岁高龄时依然美丽、高贵。著名评剧演员新凤霞说：“因为她的性格和品质的美，她才能塑造那么多美丽的人物，包括——伟大的母亲。”

既然性格如此重要，那么，如何修炼我们的性格呢？常言道：“播种一种行为，就会收获一种习惯；播种一种习惯，就会收获一种性格。”习惯对性格的影响是非常大的，通过改变习惯，我们就能够调整自己的性格。

美国著名演讲家罗宾·西格尔说：“性格是人的一切习惯的总和。”性格修养的关键，在于努力培养自己良好的生活习惯。让我们看看那些大人物是怎样改变自己的习惯、修炼自己的性格，如何从小人物变成大人物的。

取得美国麻省坎布里奇大学（现在的哈佛大学）文学硕士学位的本杰

明·富兰克林是全世界公认的伟人。他发明了避雷针，参与了美国独立战争，写出了“自由、平等、博爱”的名言，是美国《独立宣言》的主要起草人之一。他是政治家、作家、画家、哲学家。

富兰克林在如此众多的领域都做出了杰出的贡献，受到了世界各地人民的敬仰。在他79岁高龄时，想起自己一生取得的成就，他用了整整15页叙述了自己年轻时曾进行过的特殊修炼，他认为自己的一切成功与幸福都受益于此。

这一特殊的修炼是怎样进行的呢？年轻时的富兰克林也并不十分成功，可以说似乎是个名不见经传的小人物，但那时的他却十分渴望成功。他经过研究，发现成功的关键在于拥有完善的个性。经过精心总结，他认为这完善的个性应包括以下13个原则：节制、寡言、秩序、果断、节俭、勤奋、诚恳、公正、适度、清洁、镇静、贞洁、谦逊。但他进一步研究发现，如果仅仅知道这13项原则，并不能使自己成功，只有经过刻苦的修炼，把这13项原则变成自己的13种习惯，这才是属于自己的。否则，那还是别人的，是书本上的。

明白了这一点，他认真为自己准备了一个本子，每一页打上许多格子。他当时非常清楚，一段时间只专注于一项修炼，才是最有效的。否则，会适得其反。于是他头一个星期只专注于“节制”，每天检查自己为人处世是否“节制”，并在本子上做上记号。

一个星期后，由于天天盯住自己是否“节制”，并坚持每天监督，他惊喜地发现，这“节制”慢慢地在他身上生根了。

尝到了甜头后，第二个星期他每天盯住第二项——“寡言”，并对第一项“节制”复习巩固，第三个星期盯住第三项——“秩序”，再对第一项、第二项复习巩固。没想到13个星期后，他发现自己的举手投足、为人处世、待人接物都发生了根本性的改变。

年轻、认真又有决心的富兰克林生怕这13个星期还不足以使那13项原则完全变成自己的习惯，在一年内他又进行了3个13个星期的轮回修炼。一年后，富兰克林完全变了，这种变化已融入他的血液，渗入他的灵魂，浸透到他每一个细胞里。

性格的能量来自内心，不受容貌、年龄的束缚。只要你拥有好性格，你在哪里都会是气场明星，总能吸引住人们的视线，也能让财富、成功、幸运常伴左右。性格与先天有关，但也可以后天塑造。每个人都是自己性格的美容师，从现在开始，慢慢抛弃性格中的缺陷，精心打磨你的性格，从而成就一个完美人生！

一位伟人曾说，一个人要使内在世界和谐，进而产生和谐的气场，需要具备控制自己思想的能力。的确，情绪的失控会破坏气场的和谐，影响气场的状态。气场创造了我们，并弥补着我们的不足，如果我们可以使自己一直与气场相伴，生活在与内在事物的和谐状态之中，那么我们将能够实现自己的最大成就，享受最幸福的人生。而如果作为小人物的我们不能控制自己的情绪，说哭就哭，说笑就笑，说生气就生气，那么我们所期望的成功与幸福将遥遥无期。

生活在都市快节奏的生活当中，我们每个人的情绪难免会波动起伏，遇上不顺心的事情难免会发点小脾气，这无可非议，但最重要的是能够适度控制一下。如果一味地放任自己的情绪，那么它将会产生一股破坏力极强的力量，成为人生成功路上的一大障碍。

情绪影响气场，作为小人物的我们若想在事业上获得成功，在生活中收获幸福，就要学会主宰自己，控制自己的情绪，稳定自己的气场。

积极乐观的气场会让你充满希望

在《伊索寓言》里有这样一则发人深省的故事：一只又渴又饿的狐狸路过葡萄园时，看到一串串的葡萄都已经成熟了，不禁流下了口水。但是，葡萄架子太高了，它即使踮着脚尖也够不着。正当求之而不得的时候，狐狸突然笑着说："这些葡萄根本没有长熟，肯定特别酸。"说完，狐狸高兴地走了。实际上，狐狸还是像刚才那样又饿又渴，但是，只是因为它自我安慰了一番，所以它就摆脱了沮丧，高兴了起来。

人的本能就是满足自己的需求，因此，如果需求得不到满足，人们就会产生挫折感。很多人选择自我安慰来解除内心的不悦与不安，从而使自己从不满等消极心理状态中解脱出来。从这则寓言故事中我们可以受到一个启发，那就是对于同一件事，假如从不同的角度去看，就会产生不一样的结论，心情也会因此而不同。当一个人处于积极乐观的气场之中时，就会充满希望，斗志昂扬。反之，当一个人处在消极气场中时，就会向现实妥协，向困难低头，抱怨连天。关于这一点，大人物也会受其影响，所以，不管我们是小人物还是大人物，只要我们将乐观变成一种习惯，就能够让自己的气场变得越来越强大。

曹操之所以能够独领一代风骚，就是因为他性格豪爽，不拘小节，

疏导坏情绪，提高气场的正向力量

每个人都难免会受到消极心理的影响。遇到这种情况的时候，作为普通小人物的我们应该如何处理呢？

在管理学中，有一条法则：疏导是治理拥塞的根本。这种管理方式来源于霍桑试验，该试验最早是由美国哈佛大学心理学系组织的。

在芝加哥郊外，有一家工厂专门制造电话交换机。这个工厂的管理很规范，给工人的工资和福利待遇也很高，并且还为工人们准备了各种生活和娱乐设施。不过，工人对工作却毫无激情，产量始终不见增长，销售业绩也不见起色。为此，厂长百思不得其解。为了找出原因，厂长不得不求助于哈佛大学心理系的专家。为了调查此事，哈佛大学心理系让梅约教授带领一个专家组进驻工厂。经过一段时间的调查，梅约教授发现，工厂内自由宽松的群体气氛和工人的工作情绪、责任感与工作效率的相关程度很大，而厂家原来假定的对工厂生产效率会起极大作用的休息时间、照明条件、薪水的高低以及福利待遇等条件，却与工作效率的相关性很低。

为了调查真正的原因，梅约教授带领专家组进行了“谈话试验”。具体而言，就是由专家们逐个地找工人谈话，而且专家必须耐心倾听工人对厂方的各种意见和不满，并且详细地记录下来。此外，在谈话的过程中，专家不得反驳和训斥工人的不满意见。这一试验研究为期两年。在试验期内，研究人员与工人谈话的总次数高达两万余次。

研究结果表明：在这两年中，工厂的产量大幅度提高。经过分析，研究人员找出了根本原因：一直以来，工人对工厂的各个方面都有怨言，但是却郁结于心，无处发泄。“谈话试验”恰恰给了他们一个发泄的渠道，疏导了他们的不良情绪，因而他们心情豁然开朗，干劲十足。通俗地说，这就是“牢骚效应”。因为这家工厂的名字叫霍桑，所以人们就把这种现象叫作“霍桑效应”。霍桑效应启示我们：每个人都有各种愿望，不过却很少有人能够如愿以偿。对于那些未能满足的情绪和未能实现的意愿，我们应该及时地发泄出来，而不要使之郁结于心。这样不仅有利于我们的身心发展，而且还可以提高我们的工作效率。

其实，霍桑试验验证的是该“堵”还是该“疏”的问题。比如一个水池，如果出水口被堵住，水满就会溢出来；反之，如果保持出水口畅通，杂质就会跟着水一起流走，水池也就不会堵了。情绪也是如此。人的心就像是一个水池，如果盛装了太多的负面情绪，就会郁结于心，导致人情绪低落，从而使气场能量也大打折扣。反之，如果进行适当的疏导，不良情绪就能得到及时的排泄，心情自然就会好了，气场能量也会随之增强。在生活中，每个人都难免会有烦恼，有了烦恼之后，一定要采取正确的方法进行疏导。

在企业管理中，情绪疏导的方法尤其重要。管理既要严格，又要人性化，这样才能张弛有度。对于管理者而言，当员工产生负面情绪时，当务之急就是为员工提供一个倾诉的平台，及时疏导并消除员工压抑在

该拒绝别人时，让气场替你说“不”

我们大多数人都是小人物，我们在生活中一定会常常遇到这样的事情——因不好意思而轻易许下承诺之后感到疲于应付；因不好拒绝而有求必应，从而被认为是个可以“一再麻烦”的人；因怕得罪对方，而怯于拒绝，结果弄得自己没有丝毫闲暇……如果真的有这种情况出现，那么作为小人物的你就要学会拒绝，做好气场加减法。

在《三个火枪手》里有一句名言叫作“人人为我，我为人人”。意思是每个人都要为自己着想，每个人都要为他人着想。很多时候我们没有能力也没有精力去解决别人的困惑，很多时候我们自己需要休息，这时候我们就要勇敢地学会说“不”。但是这也要讲究一定的艺术，如果生硬地拒绝别人，只会让事态向更坏的方向发展。这时，我们需要的是既拒绝别人又能得到对方理解的“拒绝艺术”。

乔治在一家公司工作了很多年，但一直没有升职。这次公司出现了一个空缺职位，乔治抱着很大的期望向上司提出升职的申请。但是公司经过考察，并且多方权衡，一致认为他的能力还不能胜任。可是要拒绝这样一位对公司忠心耿耿的老员工是非常不容易的事。这事如果处理不好，可能会打击乔治的工作热情，甚至损失一位对公司忠诚的员工。

后来上司是这样对乔治说的：“是的，乔治，我理解你希望得到提升的心情。可是，要得到提升，你必须先使自己变得对公司更重要。现在，我们来看看对此你还要干点什么。”

这样婉转的说法相信乔治就接受了。当一个人遭遇拒绝时，他的气场就会不可避免地散发出负面的能量。如何才能转化这种负能量，就是我们需要思考的地方。在你不能满足别人的要求时，你可以给出建议，显示出你愿意帮助对方和关心对方的诚意，这样的拒绝易于取得对方的理解。就像上面案例中的那位上司，他虽然不能满足约翰的要求，但是他告诉乔治努力的方向，使后者看到了希望。

拒绝的艺术归根结底是要做到一点：用积极正面的气场去传递拒绝的信息。也就是说让对方感到你虽然希望给予帮助，但却爱莫能助，不要让对方觉得你冷漠无情，无视他的请求。下面的两个小窍门有助于提升你拒绝他人的艺术。

首先，要让对方把话讲完，让对方感到他已经把你逼到了尽头，让人感觉你实在是爱莫能助。

人人都不希望被拒绝，尤其是被求者那些举手之劳但却不愿帮忙的事，让人最为揪心。而让那些由于不得已的原因而无法提供帮助的人，往往能得到对方的理解和认同。那么怎么能让对方感觉到你是无能为力，而不是不想帮忙呢？

第一步，别急着说“不”，只需要倾听。这样就将自己放在了一个比较低的位置上，减弱了自身气场。

第二步，要适度增强气场，表现出对对方的情况很关心。

第三步，表现出经过反复的交谈和考虑，你还是无法答应。

选择在午餐或下班后逛街购物的时间向宁小北倾诉。但是，随着越来越多的人加入了宁小北的朋友圈，现在，几乎每天都有人找宁小北倾诉烦恼。宁小北几乎没有时间做自己的事情，即使上班时间，手机也是响个不停。为此，她想找个借口躲开，但是又担心伤害朋友们的感情。就这样，她一边耐心地倾听着朋友们的倾诉，一边在心里为堆积如山的工作心急如焚。

最糟糕的是，很多朋友都把宁小北当成了情绪垃圾桶，她们总是习惯于向宁小北抱怨、哭诉。时间长了，宁小北的心情变得越来越低落，情绪也变得越来越暴躁：每天早晨上班，看到繁重的工作，宁小北的耳边就会响起朋友们的抱怨，根本没有心情和精力工作；每当看到领导的时候，宁小北原本想像从前那样热切地和领导打个招呼、聊聊天，但是眼前却像放电影似的浮现出朋友们对她说的关于领导的那些“丑事”，因此心中便充满了厌恶……

从宁小北这个小人物身上我们不难发现，气场与气场之间会互相影响。假如我们长期接触负面的气场，我们的气场就会变得不健康，从而导致我们的情绪越来越低落，生活也会索然无味。

虽然宁小北的出发点是好的，但是她却成了朋友们的情绪垃圾桶。随着越来越多的人向她倾诉，她的情绪变得越来越失落，影响到了她的生活和工作。甚至原本亲密无间的夫妻关系，也因此而产生嫌隙了。

这种现象在生活中并不少见。举个简单的例子，人们在心情抑郁的时候总是习惯于找心理医生倾吐和疏导，但是，心理医生其实也经常爆发心理危机，原因就是倾听了过多的负面倾诉，从而产生了心理危机。心理医生况且如此，更何况是宁小北呢？她非但没有帮助别人化解心理危机，反而因为长期接触过多的负面、消极、不健康的气场能量，导致自己的气场能量受到伤害。这种做法无疑是得不偿失的。假如我们的好意最终酿成了恶果，假如我们并不能给别人提供切实的帮助，那么，我们就要远离这种负面气场。

具体来说，作为一名小人物，我们可以多多接触一些正面气场，以此增强我们的气场能量，使我们的生活变得更加美好。

1.勤奋气场圈

勤奋气场圈的能量能够长时间运动，而且运动的速度很快。这样有利于维护气场健康，排除气场中的污染物。虽然拥有勤奋气场的人未必很勤奋，但是他们大多喜动不喜静，身体的不断运动能够使气场迅速变化，牵引能量运动；随着能量的不断运动，心灵和身体就可以有效调节气场中的负面能量和正面能量的比例，既保证了身体的健康，也有利于维持气场健康。只要多多和勤奋气场圈的人接触，我们的气场能量就能活跃起来，使我们富于创造力，轻松地维持气场总体上的平衡。

2.慷慨气场圈

慷慨气场圈所创造的能量远远多于气场所需的能量，而且慷慨气场圈能够不断地将自身能量传送出去，长期维持一种从中心向四周扩散的状态。所以，只要有新的能量产生，慷慨气场原有的能量就会向外扩散。正是因为慷慨气场从来都不吝啬自己的能量，所以才得了“慷慨”的美名。如果我们长期与慷慨气场圈接触，我们自身的气场就会变得慷慨，这将大大有利于提高身心能量的供应量，帮助我们保持气场能量。由此可见，慷慨气场有利于维持健康。

3.坚定气场圈

坚定气场圈既不属于收敛的气场也不属于扩张的气场，覆盖的范围能够更好地发挥气场能量。比起勤奋气场圈来说，坚定气场圈的能量运动相对缓慢，但是却强而有力。坚定气场不仅能够维持自身气场的稳定，而且能有效防止外界污染物的进入，还能有效排除气场中的污染物。一般情况下，坚定气场圈的能量主要是心灵制造出来的正面能量，负责推动人们完成艰巨的任务。通常情况下，拥有坚定气场的人意志坚定，身体健康，做事果决。经常与这样的人接触，对我们的健康大有裨益。

为自己的人生营造快乐的气场

每个人都想得到快乐，但是每个人都难免碰到烦恼的事情。实际上，面对困难和挫折，最重要的是要以积极乐观的心态去面对，烦恼和抱怨只会使事情变得更加难以收拾。那么，怎样才能让自己拥有快乐的气场呢？

为了研究快乐，脑科专家理查德·戴维森曾经进行过有关实验。实验结果证实，不同的思考模式会创造出不同的神经传导路径。当人们改变思考方式支持快乐感时，积极的神经传导路径就会扩大，而消极神经传导路径则会缩小。玛西·西莫夫也曾经发出这样的感慨："心灵有一个能量场，每当你回想一段快乐的时光，或许是和最好的朋友玩得很开心，也许是得到一只可爱的宠物猫或宠物狗，或者是一次特别的家庭出游……回忆这些美好的往事时，你的感觉是不是有点儿不同？当你的嘴角微微上翘，是不是一种温暖和甜蜜的感觉在你的心里流动？这就是你心灵的能量。"

快乐来自我们的内心。只有你主动寻找快乐，多想想那些快乐的事情，你才能快乐起来。一旦有了快乐的情绪，你就能够轻松地感觉到快乐。从医学的角度来说，人在郁郁寡欢的时候，新陈代谢就会减缓，从而导致精力衰退。相反，假如你想象一些开心的事，并且配合一些肢体语言，那么就能带动自己的情绪进入快乐的状态。很多时候，即使是“强颜欢笑”，你也会发现自己的内心开始涌动积极的信号，渐渐地就会变得真的快乐起来。用心理学的理论来解释，这种现象叫作“假想快乐”。一位心理医生对此解释说：“假想快乐能够迅速调节心情，使人摆脱不良情绪的干扰。”

英国作家塞缪尔·詹逊认为：“培养自己积极乐观的心态，比一年赚1000万英镑更有价值。”神经学家康黛丝·珀特也指出：“当人们快乐时就像是在吸吮‘快乐的汁液’。”最能给人带来持久快乐的，是能包容一切的宽阔胸襟，而不是名车豪宅或锦衣佳肴。反过来看，不能容人容事的小肚鸡肠的行为最容易使人生气，而只要有了开阔的胸怀，即使遭人误解排斥，也能够从容淡定地应对。可以说，一份快乐的心情，比灵丹妙药更有益健康，比金币更有价值。

古人云：“宠辱不惊，看庭前花开花落；去留无意，望天上云卷云舒。”意思就是说，我们要有开阔的胸襟，坦然面对人生世事。其实，人生在世，最重要的就是内心的感受，所有的金钱和物质都是身外之物，只有快乐和幸福，才是我们真正拥有的，才是值得我们珍惜的。

要想生活得快乐，首先要使自己变得更加宽容。人们常说，与人为善，与己为善。其实，宽容地对待别人，也就是宽容地对待自己。只要你能如是想，如是做，就能够得到快乐，幸福也会与你相伴。对于人生而言，拥有千万家财不一定快乐幸福，只有得到快乐，才算是真正地获得了幸福。

拥有快乐气场，不仅能够使自己心情愉悦，生活幸福，而且能够感染身边的人，使他们也变得更加快乐。须知，快乐的气场能够帮助你吸引更多“快乐”的元素，让你的生活变得越来越幸福。

心境决定结果。假如我们认为自己非常不幸，就可能会真的不幸，甚至因为无法集中精力做事出了差错而遭受生活的厄运。其实，困难和挫折并不可怕，关键在于我们能否采取正确的态度处理和面对生活中的困难。有一些小人物面对挫折的时候，能够鼓起勇气，积极乐观地解决问题；有一些小人物面对挫折，只知道一味地抱怨，怨天尤人，不仅抱怨相关的人，甚至也迁怒于不相干的人。总之，所有与他们有接触的人或者事，他们都抱怨不已。长此以往，他们必将郁郁寡欢，不仅会损害自己的气场，也会伤害他人的气场。因此，有人把这种怨声载道的朋友称为“损友”。和他们在一起，即使原本积极乐观的人，也会受到影响，变得沉重、郁闷。一位名人曾经说过：“生活的最高境界是有所作为，而抱怨则是无所作为，是放弃义务，是逃避责任，是自甘沉沦。”其实，抱怨非但于事无补，还会把事情弄得越来越糟糕。

孔雀向王后朱诺抱怨说：“王后陛下，我并非是无缘无故地抱怨。您看那黄莺小精灵，唱出的歌声美妙婉转，它独占春光，出尽了风头。但是，却没有人喜欢听您赐给我的这副优美的歌喉。”

听了孔雀的抱怨，朱诺严肃地说：“嫉妒的鸟儿，你赶紧闭嘴吧！你是如此美丽，难道还要嫉妒黄莺的歌声吗？你的脖子上系着一条七彩丝带，还长着一身五彩斑斓的华丽羽毛，当你行走的时候，就好像是钻石在波光流转。在这个世界上，没有任何一种鸟能像你这样博得众人的喜爱。我必须奉劝你，千万不要抱怨，否则，你就会失去美丽的羽毛。要知道，没有一种动物能够具备世界上所有动物的优点。我之所以赐给大家不同的优点，就是希望大家彼此友爱，各司其职。”

孔雀被嫉妒遮住了眼睛，她只看到黄莺清脆的啼鸣占尽春光，却不知道其他动物也在羡慕她那身华丽高贵的羽毛。由此看来，抱怨太多是因为不知足而引发的，以及看不到自己的优点，而衍生的。

稳定的气场就像彩虹，在雨后的清新之中灿烂绽放。如果我们抱怨连天，不知满足，气场的能量系统马上就会变得混浊，彩虹还能出现吗？在生活中，假如我们不能很好地控制自己的气场能量，就会使自己的运气越来越差。当一个人只知道抱怨命运或者身边的人，就没有精力用来努力去改变不好的局面。在抱怨的过程中，他更加坚定地相信自己是不幸的，从而对自己形成消极的暗示，最终导致自己的气场中充满负面能量，不幸接踵而来。正是因为如此，失败才会紧随抱怨连天的人，而且使他的运气越来越差。

总而言之，好运总是青睐积极乐观的人。所以，面对生活中的不幸，永远不要抱怨。一个小人物的成长就像种子长成大树，在从泥土钻出地面的过程中，种子会碰到各种各样的顽石和沙砾，但是种子从不抱怨，而是坚持不懈地用自己柔嫩的绿芽往上顶，坚韧勇敢地生长，直到见到阳光和雨露，开枝散叶，开花结果。

对于小人物来说，要想远离抱怨，就要使自己变得更加积极勤奋。俗话说，早起的鸟儿有虫吃。即使你没有别人聪明，但是只要你足够勤奋，你就能够如愿以偿，生活得富足安乐。忙碌的生活能够使人们振奋精神，根本没有时间和精力去抱怨。只要我们能够积极地行动起来，改变生活中不如意的现状，我们的生活质量就会大大提高，人生也会变得截然不同。

大多数成功的大人物都有一种美好的品质，即少怨言、多行动。这一点值得我们每一个小人物学习借鉴。不抱怨不仅是一种气度、一种难能可贵的平和心态，更是一种超凡脱俗的境界。人有悲欢离合，月有阴晴圆缺，没有人的人生是一直一帆风顺的，面对生活的艰难坎坷，我们必须积极化解心中的不满情绪，坚强地面对，努力去解决问题。只有这样，我们才能使自己的气场充满正能量，从而改变自己的人生和命运。

第四章 提升形象魅力，增强气场磁力

Chapter 4

气场是一个人的综合素质，这不仅包括学识、心理素质、道德情操，还包括形象，如谈吐举止、穿着打扮、礼仪教养等。

打造良好形象，提升个人魅力

一个人气场的强弱决定了影响力的大小，而影响力一旦树立就会反作用于气场，使气场发生新的变化。我们知道，影响力的塑造往往离不开自身的形象。一个注意形象并自觉保持好形象的人，哪怕是一个无足轻重的小人物，别人同样会尊重他、靠近他，被他吸引，而这样的人也总能在人群中得到信任，在逆境中获得帮助，在人生旅途中不断找到发挥才干的机会，最终做到时刻用自己的风采、魅力影响别人。

古代哲人穆格发说，良好的形象是美丽生活的代言人，是进入爱的神圣殿堂的敲门砖，是我们走向更高阶梯的扶手。形象是每个人尤其是不出名的小人物向世界展示自我的窗口，向社会宣传自我的广告，向别人介绍自我的名片。别人从我们的形象中获取对我们的印象，而这个印象又影响着他们对我们的态度和行为。所以，要想让自己拥有强大的气场、非凡的影响力，就要保持良好的小人物的独特形象。

好形象是一种资本，充分利用它，不仅能给你的日常生活添色加彩，更有助于你塑造良好的气场，提升自我影响力。

此外，良好的形象还有助于融洽人际关系，营造和谐气氛，令你在社会中左右逢源、无往不利，从而促进你的成功。

红顶商人胡雪岩有一次面临生意上的一个很大危机，他在上海新开的商行遭到当地商人的联合挤兑，不久就波及大本营杭州。一些大客户生怕胡雪岩垮台而利益受损，都准备中止和他的生意往来。

这天胡雪岩从上海回来了，他们悄悄躲在暗处想观看胡雪岩灰头土脸的狼狈样子。结果他们失望了，他们看到了一个衣冠鲜亮、精神抖擞的胡雪岩。

他们还不放心，又跟踪胡雪岩到他的商行去。他们认为胡雪岩会暂停生意，进行整顿，可是胡雪岩的商行不仅没有关闭，而且他还亲自坐镇，在商行里悠然自得地喝起茶来。这令他们糊涂了。一个人遭受这么大的打击，竟然还能够如此镇定从容，难道传言不实？最终，胡雪岩的气度征服了他们，他们又对胡雪岩恢复了信心。

其实，当时胡雪岩的处境很艰难，他就是凭着超强的心理素质和良好形象，才稳住了局面。而这也让我们明白：只有树立起镇定自若的良好形象，才能有效地提升气场，扩大影响力，继而获得成功。

美国作家艾斯蒂·希恩曾在作品里这样描写宋庆龄：“她雍容高贵，却又那么朴实无华，堪称稳重端庄。在欧洲的王子和公主中，尤其年龄较长者的身上，偶尔也能看到同样的影响力。但对他们而言，这显然是终生培养训练的结果。而孙夫人的雍容华贵与众不同，这主要是一种内在的影响力。它发自内心，而不是伪装出来的。她的胆略见识之高，人所罕见，从而能使她在紧要关头镇定自若，同时，忠诚和胆识又使她具有一种根本的力量，这种力量能够消除人们因她外表而产生的那种柔弱羞怯的印象，使她具有坚毅的英雄主义的影响力。”

“形象是一个人的招牌，坏形象会毁了你的一生，而好形象会令你的影响力迅速提升。”这句话一点也没错，尤其在如今竞争日益激烈的社会里，每个普通人，尤其是小人物都承受着巨大的生存压力。如果我们能静下心来，认真地树立起自己的好形象，那就好比给自己的人生打造了一块金字招牌，能令你在坎坷的生命历程中从容地经营人生，从容地成就小人物的不凡人生。

优雅的站姿，能帮助小人物增强气场

作为一个小人物，在和他人进行交往的时候，通常第一时间都是站立的姿势。所以，能否有个良好的站姿，能否形成强大气场，关系着我们能否掌控局面和影响他人。站立在社交中是一种最基本的姿势，我们应该让自己的站姿显得优美而典雅。

那么怎样的站姿才算有气场呢？男士应该做到“站如松”，洒脱刚毅；女士要做到优雅秀美，亭亭玉立。

“站如松”，意思是良好的站姿应让人有一种挺、直、高的感觉。要做到背脊挺直，胸部挺起，双目平视。这种感觉并不是刻意伪装出来的，而是慢慢培养出来的。这种姿势会让人们觉得这个人很自信，积极向上，乐意和他进行交流往来。

艾莉丝是一位大大咧咧的女孩，她总是向自己的朋友抱怨说，自己总是得不到男孩的青睐。到底什么样的气场才能得到男孩青睐呢？终于有一天，她的亲密朋友格蕾告诉她说：“你注意到你的站姿了吗？这就是你得不到男孩青睐的罪魁祸首。”艾莉丝非常惊讶，在她看来，站姿并没有什么大不了的，怎么能对自己造成不好的影响呢？

“艾莉丝，倘若有人在和你交谈的时候弯着腰，而且眼睛向下看，身体还不断地左摇右摆，你会是什么感觉呢？”

“我会选择离那个猥琐的家伙远一点儿。”艾莉丝回答说。

“没错。如果我是男孩，我也不会喜欢这样的女孩。因为人的站姿不同，自身所散发出的气场也肯定是不同的，就算这样一个很小的细节也不能忽略。不知你是否见过奥斯卡颁奖典礼上的妮可·基德曼？”

“当然见过，她魅力十足，我很喜欢她。”

“妮可之所以能成为大家心目中的明星，除了她的演技和内在气质以外，同她的站姿也有密切的关系。因为无论在何时何地，她都能做到昂首挺胸，亭亭玉立，让人看上去很有范儿。”

“的确，你说得没错，妮可的站姿很有魅力，以前我忽视这一点了。多亏你的指点，我明白了。以后我也要训练一下自己的站姿，争取也让自己站出气场。”

如果妮可也像艾莉丝一样总是习惯低着头、弯着腰站着，她也不可能有现在这么夺人眼球的气场魅力了。可见，站姿是一个人气场的体现，也是一个人是否有修养的体现，应该引起我们的重视。

标准的站姿是这样的：两脚跟并拢，脚尖开立，呈45° ~ 60° 的角，身体的重心主要支撑在脚掌和脚弓之上。脊柱、后背挺直，抬头挺胸，双目平视前方。两肩放松下沉，自然呼吸。两手臂自然下垂于体侧。

当然，站姿与性别也有关系，性别不同，站姿也不同。

倘若有一位女士的站姿比较男性化，我们尚且可以认为她具有巾帼风范；可是倘若一位男士的站姿太女性化，那么他可能会受到众人的耻笑。所以，我们也要根据自己的性别来选择适合的站姿。

对女士而言，除了传统的双脚并拢这种站立姿势之外，丁字步的站姿也是可以采用的，这种站姿还有一个优势——可以巧妙地掩饰 O 型腿女士的缺点，而且能让自己的腿看上去更加纤细。

男士的站姿并没有什么特别的要求，关键就是除了保持基本的站姿之外，还应该表现出自信。优雅且有风度的站姿能将我们的气场发挥出来，让人们第一眼就锁定我们，愿意和我们接近，愿意和我们进行深入交流。

当我们意识到站姿会对气场产生影响的时候，这就是一个良好的开始。作为小人物的我们就应该面对镜子，找出自己站姿中的缺点并逐渐去改变它，这样我们逐渐也能拥有潇洒迷人的站姿。

打造气场，小人物不能忽略脸部表情

俗话说："看人先看脸，见脸如见心。"在我们这些小人物的身体上，没有哪一个部位能比脸更具有表情达意的功能。脸部表情还具有既真又假，既静又动，既先天定型又自由可为的两重性。从某种程度上说，脸就是我们小人物反映个人情绪和气场的晴雨表。

一项由哈佛大学实验心理学教授罗伯特·罗森塔尔和娜莉妮·阿姆巴迪进行的研究，证实了非语言信息的力量。这两位研究者给一组本科学生展示了32段不同教师在课堂上讲课的视频剪辑，然后要求他们对这些教师进行评价。由于片段中的声音已经被打乱或删除，所以学生们只能基于各个教师的表情对他们做出判断。

结果表明，参与实验的学生的评价和那些曾听过这些教师讲课的学生的评价基本一致。尽管后者将其评定结果归因于教师的友好或清晰的思路，但此项研究表明，大多数学生的评价是基于表情交流形成的。

在人际交往中，面部表情真实地反映着人们的思想、情感及心理活动。而且，多数时候，人们的表情是下意识的，基本上难以抑制或隐瞒，可以用"情非得已"来形容。如果我们深入一点去研究，你会发现：原来一个人说谎时他的脸部表情已经出卖了他。通过对一个人面部表情的观察和分析，可以了解其内心的欲望、意图和状态，借此即可形成对他的认知。

春秋时期，齐桓公与管仲秘密商议讨伐莒国，不久却闹得举国皆知。桓公责问管仲。管仲说：“朝内可能有高人。”桓公仔细想了想说：“白天来王宫的役夫中，有位拿着木杵向上看的，想必就是此人。”于是将这些役夫再次招来，并规定不许替代。一会儿，东郭垂来了。管仲说：“想必定是此人。”管仲问他：“说讨伐莒国的是你吧？”东郭垂答道：“是的。”管仲说：“我不曾说要伐莒国，你为什么说我国要伐莒国呢？”东郭垂答道：“君子善于谋议，小人善于揣测。我是私自揣测的。”管仲说：“你又如何猜测到的？”东郭垂答道：“我曾听说君子有三种脸色：悠然喜乐，是享受音乐的脸色；忧愁清静，是有丧事的脸色；生气愤怒，是将用兵的脸色。那天我遥望主君在台上，脸上带着盛怒的表情，这是将要用兵的脸色。君王叹息而不呻吟，所说的都与莒国有关。君王所指的也是莒国的方位。小民猜测，尚未归顺的小诸侯唯有莒国，所以才与人说出讨伐莒国的事。”

在上例中，东郭垂就是看出齐桓公脸上稍纵即逝的“微表情”才有了较为准确的结论的。这说明，当表情背后隐含的意义被层层解读，你已被最细微的表情变化出卖。环顾当代人物，就连被公认为善于掩饰的美国前总统克林顿，都会在“拉链门”丑闻当前时慌了手脚。一边宣称“我和这个女人没有任何关系”，一边则不由自主地眨眼、挑眉、抿嘴……尽管他竭力克制自己的动作，真相仍呼之欲出。

人有五种表情：喜悦、愤怒、悲哀、恐惧、厌恶。五种情感真实地存在于内心，却表现在外在的神情上，这样人们的真实情感就没办法隐瞒了。想想我们自己或他人是不是经常有如下的表情反应：

（1）真正的吃惊表情转瞬即逝，超过一秒钟便是假装的。

（2）撒谎者不像惯常理解的那样会回避对方的眼神，反而更需要眼神交流来判断你是否相信他说的话。

（3）叙事时眼球向右上方看，这代表大脑在回忆，所说的是真话；而谎言不需要回忆的过程。

（4）明知故问的时候眉毛微微上扬。

（5）假笑眼角是没有皱纹的。

（6）当面部表情两边不对称的时候，极有可能他们的表情是装出来的。

（7）人撒谎时会感到面部不自然，目光飘移，额头总出汗。

看来，只要心思缜密如发，一切尽在不言中展现出来。通过面目表情探知隐情，通过表情的变化感受气场的变化——你准备好了吗？

通过表情探知一个人的情绪和气场，需要我们经过一段时间的学习和验证，因为有些隐晦的东西必须细心如发才可发觉，尤其是对方有意隐瞒、躲避的时候，例如说谎者在不到一秒内，脸上会出现非常鲜明、强烈的痛苦表情。这就是微表情，它们虽然是在瞬间发生的非常强烈的隐藏表情，却能够准确反映出一个人的气场变化。

提升气场，你的眼睛一样会说话

人们常说眼睛是心灵的窗口，那么眼神就是汇集气场的光源。对有气场的人来说，眼睛的大小其实并不是重点，而关键则在于眼神。我们从那些商业巨贾和当红艺人的身上可以看出，并非每个人的眼睛都拥有天生的优美弧线，可是往往眼神的力量能弱化眼部的所有弱点，充满魅力的眼神能够凝聚强大的气场，让他们魅力四射，这一点值得我们每一个小人物认真学习。

对我们小人物而言，眼神可以热情，可以温和，也可以忧郁，甚至冷漠，可是一定不能表现出不够坚定。倘若我们的眼神躲躲闪闪、飘移不定，那就是心虚和缺乏自信的表现，会让人觉得我们很缺乏凝聚力，甚至会给人造成一种猥琐的感觉。

我们可以看看那些气场强大的明星，也许从她们的身上我们可以得到启发。他们在刚刚出道的时候，也不见得都有很强大的气场。当他们面对那些气势逼人的前辈和自己只有雏形的事业时，肯定也曾经出现过一些不够自信坚定的眼神，但是凭着自己的毅力，经过一番摸爬滚打和不断的磨炼，他们昔日的那些不够坚定的眼神已经一去不复返了，因为他们拥有了充满力量又不咄咄逼人的自信眼神。

倘若我们想让自己的眼神变得更加坚定有力，那就要先从增强自信开始。其实，单单对着镜子练坚定的眼神并不是好方法，也并不一定能取得好的效果。关键是当我们在人群中，尤其是其中有的人比我们优秀时，我们还能否让自己保持坚定自信；倘若我们的眼神不够坚定，那么气场就难以形成了。

那么该怎么达到理想的效果呢？不妨注重如下：

● 每天都给自己“打气”——在心里多默念几次“我是最棒的”。

● 当我们遇到一些气场比我们强大的人时，不要大惊小怪。

● 当我们接触到那些比自己各方面都优秀的人时，要在心中默念“我同样非常不错，我们是一样的”，这时我们的眼神要继续坚定地看着对方，不能觉得自己不如别人就将自己的眼神转移到其他地方。

眼神能凝聚气场，倘若一个人具有凝聚力很强的眼神，那么就算是衣着普通，也会因为他的眼神凝聚了全身气场而吸引到他人的目光。

眼神的凝聚力除了来自我们足够的自信之外，还在于我们看人的时候，是否能放正眼神，大大方方地去看，不要让别人觉得我们畏畏缩缩。如果眼神放不正，不但会给别人留下不好的印象和不舒服的感觉，同时也会迅速削弱我们的气场，让人觉得我们小气、不体面。

为此，我们应该避免以下三种眼神：

（1）低着头，眼睛翻着向上看，让人觉得好像做错了事似的。

（2）歪着脑袋，斜眼看人，这就会让人觉得我们好像不服气，在盘算什么小伎俩似的。

（3）目光游离不定，躲躲闪闪，就好像做了什么见不得人的坏事似的。

这些细小的习惯，看上去可能不是故意的，也可能没有什么恶意，但是完全可以降低我们的个人形象。通常，有这些问题的人自己不容易发觉，在别人的提醒下就可能会注意。要改变这些问题，我们最好多和他人进行接触和交流，消除了恐惧感和生涩感之后，就能让整个人变得大方起来。

我国著名京剧表演艺术家梅兰芳在刚开始学戏时，曾因眼睛近视、眼珠转动不太灵活而被老师斥为不是学戏的这块料。为此，他下决心要练习自己的眼神。

他养了许多鸽子，在每天清晨，他都把这些鸽子放出去，然后两眼紧随着这些在空中飞翔的鸽子，以此来锻炼自己的眼神；他还在一根长竹竿的顶部系上红绸条，通过用力挥动长竿来引诱飞鸽。通过这样的方法，经过了长期的苦练，渐渐地，梅兰芳的眼神终于变得敏感传神，开始在舞台上表现得活灵活现。

梅兰芳的演技高超，这离不开他那眼神的丰富表现力。而这些，都是通过苦练而来的。练就了魅力眼神，就相当于给一颗普通的戒指镶上宝石一样，顿时会光彩照人。

魅力眼神能让我们的气场凝聚，当然这种眼神并不是天生的，而是通过后天不断训练得来的，是内外兼修的结果。我们通过让自己的内在修养得到提高，从而让自己的眼神更加深邃，更加坚定而又和善、平静，充满期盼而又不乏智慧，这样我们的眼神就能“秒杀”众人，让他们感受到我们的气场。

德国著名心理学家梅赛因明确指出：眼睛是了解他人的最好工具。一般来说，眼睛的活动能够准确、真实地反映出一个人的心情。

哈佛大学肯尼迪政府学院的茱丽亚·弥森等人对于人的眼神进行了

深入的研究，研究结果表明，眼神交流有时候能够加强两人之间的情感联结，比如在妈妈和婴儿之间，眼神交流能够使他们缔结情感的纽带，或者在一个喧闹的酒吧里，两个人暧昧的眼神交流能激活大脑的愉悦中心。另外，此项研究还得出一个结论，在人与人的相处中，由于心情的变化，眼睛的活动也会有所不同。

一对彼此喜欢但关系并未明朗化的男女，虽然心里十分喜欢对方，然而，由于不知道对方的态度、害怕自己被拒绝、害羞等，他们往往是不敢长时间地看着对方的，只是进行短短的一瞥，目光在大多数的时候都是落在别的地方，或望天，或瞧地……如果，有一方敢于长时间地凝视对方，那么他通常是恋爱的老手。

观察人的眼神是一件非常有趣的事情，在与人的交往中，我们不仅可以从中了解到对方的情绪，而且能够知晓对方对我们的态度。

总之，人的眼睛会将个人的内心世界折射出来。并形成一定的气场。

小人物也要学会做最好的倾听者

在生活中，倾听是一个很容易让人忽略的气场指标。苏格拉底曾这样说过："自然赋予我们人类一张嘴，两只耳朵，也就是让我们多听少说。"这句话形象而深刻地说明了"听"比"说"重要。在与人沟通中，尤其对我们这些小人物而言，更要善于倾听。

在人与人的沟通过程中，倾听很重要，而作为领导者，如果善于倾听则更能激发下属的工作积极性。在倾听过程中，你留给对方足够的倾诉空间，不但显示了你的一种修养，一份理解，也会让对方对你敬佩不已。

美国的一家大公司有一位销售经理，他对该行业的特点一窍不通，可他却得到下属的尊重，并被认为是一位好领导。每当推销员需要他以专业的目光提出忠告时，他却不能告诉他们什么——因为他什么都不懂！但尽管如此，这个人却懂得如何去倾听，因此，不论别人问他什么，他总是回答："你认为该怎么做？"于是推销员会提出方法，他认真倾听并逐条分析，与推销员共同探讨再决定，最后，推销员总是能够满意地离去，心里还想着，这位经理真是了不起！

由此我们可以看出，最成功的领导者通常也是最佳的倾听者。倾听，是领导者的利器，小人物也不例外。学会倾听、主动倾听，体现着领导者的领导艺术、领导能力。如果你是一名领导者，想建立一种威信，构建与员工之间的良好关系，就应该学会倾听。因为这样，你才能够更加真实地了解他们的想法、意愿和要求。

多听少讲是倾听的一种具体表现方式，也就是让对方尽可能多地发言，充分表明他的观点，这样做既能表示尊重对方，也可使你根据对方的要求，确定你与对方打交道的具体策略。

有一个领导者研讨班，曾经举办“如何说服部下”的训练。首先由一位年轻人扮演想辞职的职员，每位受训者有十分钟的时间，轮流来说服这位年轻人不要辞职。

第一个上场的是甲，刚开始的两三分钟，甲以聊天的方式和年轻人交谈，后来就变成了说教。

“毕竟，公司是一个需要有工作热情的地方，你却没有这样的体会。”

后来延长了十分钟，结果还是主持人叫停，才换乙上台。

乙用温和的方式，以“要不要抽根烟”等开始，就和年轻人谈了起来，然后越讲越起劲。

“我年轻的时候不是那样”“我不这么认为，如果是我，我宁愿这样做”……

乙一直“我……”“我……”地说个不停，十分钟就这么过去了，后半段的时间里，年轻人几乎都是沉默的。

下一位是丙。只要年轻人讲一句，丙就可以搬出三倍长的大道理来辩驳。

“回顾一下至今的历史……”“公司的规定是……”“工会的看法是……”“政府机关的方针……如果根据报社的统计……”丙确实是很博学，但是他一味地传授知识，根本无法改变年轻人辞职的意愿。

丁就抓住了谈话的技巧，懂得听别人说话。

“原来你认为……”“哦，总而言之，你是想说……吧”这样说完一圈后，由这位示范的年轻人发表他的感想：“甲的话从我的右耳进去，左耳出来，我几乎不记得他说了什么，只觉得他是个唠唠叨叨的部长。乙是一位蛮有男子气概的有为者，但同时也是一个不太容易相处的人。丙的说辞可供参考，却无法让人满意。对丁，我就甘拜下风了，他让我说出心里话，我的想法也因此而动摇了。”

懂得适时倾听的人要比只会夸夸其谈的人更受欢迎，倾听能够使自己更加了解对方的好恶，更能准确地把握对方的心理与沟通时的主动权。一个小人物要想成为一个大人物或是一个优秀的领导者，就要学会倾听。聆听是一种最有效的交流手段，为了提高倾听效率，不妨有意识地锻炼自己的听话能力与听话技巧。

适当保持神秘，沉默也可为气场加分

法国政治家戴高乐说过这样一句话：“没有神秘感就没有威望可言。因为过于熟悉，尊敬之情就不会油然而生。只有像神像一样隐居深庙，才能显出凛凛的威风。无论是运筹帷幄，还是所思所为，都要令人捉摸不透。”

确实如此，神秘感在管理中是不可或缺的。“君不密则失臣”，坦荡背后并不意味着忠贞，相反，可能会让对方因了解底细而小觑。上下级之间，必然要保持距离，不仅仅因为距离产生美，还因为距离产生的神秘感会吸引人和震慑人。

作为一个小人物，当他滔滔不绝讲话的时候，我们很容易看出他的弱点和隐私，自然就不会对他有任何尊敬之感了。如果一个人是沉默的，你一时可能会看不透他，瞬间会感觉到他的气场很强！

一个人嘴角向下，神情凝重，给人的第一感觉是这个人够强势，至少从表面上看，这个人内心是强大的，甚至会让人产生三分敬畏，七分谨慎。这就是沉默的气场。

不知道一个沉默的人什么时候内心会爆发，所以我们才会小心翼翼。从经验上看，沉默往往是一个人愤怒之前的征兆，这个人在压抑自己的情绪。如果你的上司沉默，你就会忐忑不安，因为你不知道他在想什么，不知道他的沉默是不是你的失误造成的，有一股山雨欲来风满楼的气势。

当然，沉默并不仅仅是表情上，还可能是行为上。

曾国藩做翰林院学士时，某一天皇上让太监通知他，准备召见。但是，当曾国藩跟着当差太监到了某个房间后，足足过了两个时辰，皇上却一直没有来，曾国藩很是忐忑不安。两个时辰后，太监对曾国藩说，皇上没时间，让他回府，回头再召见。

其实，皇上是想考验曾国藩过目不忘的本事，在曾国藩等待召见的屋子墙上挂满了先皇的字。幸好，曾国藩有个不错的老师穆彰阿。听罢曾国藩的描述，这位老师连夜托太监把房间的字画都抄下来，让曾国藩背诵了一晚上。第二天，果然，皇上问曾国藩看到了什么，曾国藩就赶紧把自己背了一晚上的字说了出来。这次考验让皇上很满意，曾国藩从此受到重用。

领导总喜欢用沉默来考验下属。时间越长，下属内心也就越忐忑，即使是曾国藩也不例外，因为不知道沉默以后是什么。

沉默的气场往往要比说话大得多，无声胜有声。鲁迅说，“不在沉默中爆发，就在沉默中灭亡”。可想而知，沉默的背后可能是生死的较量，是不鸣则已、一鸣惊人的前兆。如果你想要震慑你的听众，或者考察你的对手，那么，沉默有时候也许是个不错的办法。

第五章
提升人格品质，让你的人生更出彩

Chapter 5

向气场注入正能量，使自己成为一个知恩图报、雍容大度、朝气蓬勃的人，如此即便是平凡也不乏高贵。

小人物修炼一：用高尚的品德塑造气场

气场是人精神能量的外化，换言之，一个人的内心越强大，他的气场也越强大。想让自己的内心强大起来，孟子就曾经提出过他的方法：“养我浩然之气。”只要胸中有一股浩然正气，小人物也会变得强大，手无寸铁的人也能在气势上战胜全副武装的敌人，不需要说话就能影响身边的人。

强大的气场正是来自高尚的品德，如果说气场是一棵参天大树，品德就是它的根。也只有伟大的品德，才能让我们这些小人物在人群中独特，与众不同，并具有强大的影响力与操控力。

季康子问孔子：“我想让人心向善，所以我把坏人杀了，把好人留下，你看怎么样？”孔子回答说：“君子之德风，小人之德草，草上之风必偃。”意思是：你要让老百姓服你，哪里用得着依靠杀人呢？你自己去影响他们就行了。君子的德行就像风，老百姓的德行就像草，正直的风吹过，草自然会顺风倒下。

季康子和孔子的分歧出现在如何影响他人上，季康子认为，具有影响力的气场来自于杀戮，把坏人毫不留情地杀了，好人也就不再作恶了。而孔子却认为，气场来自统治者内心的品德。只要一个人的品德足够高尚，他就能产生足够大的气场，去影响老百姓，就像吹过茅草的风一样，轻而易举地就能产生巨大的影响力。

比尔·盖茨无论走到哪里都是焦点，他一生获得荣誉无数，显然不仅仅是由于他的财富和那颗超越时代的头脑，更多的是来自比尔·盖茨的人格魅力。比尔·盖茨在慈善事业上从来都不甘居于人后。

比尔·盖茨在《福布斯》杂志1997年的慷慨捐献排行榜上名列第四。那一年比尔·盖茨的捐献额达到2.1亿美元。

尤其是全美的图书馆，因比尔·盖茨慈善捐助而受益良多。他捐出1200万美元在华盛顿大学，设立一座法学院图书馆。

1997年，比尔·盖茨捐给图书馆的钱居美国国内之首，超过任何个人捐赠者，包括美国联邦政府在内。他相信，公共图书馆是奠定美国社会与民主的重要机构。他想在2002年之前，不论是城市或乡村，每个经济不景气的社区的每一座图书馆，都能连上因特网。那笔4亿美元的赠款，应该可以使美国16000座公共图书馆中的半数能上网。

除了比尔·盖茨个人的捐赠以外，微软公司也参与慈善活动。该公司曾在一年内捐给慈善机构和非营利组织超过1400万美元的现金，以及价值4.5亿美元的软件。微软也和美国社区各大专院校联合发起了价值7007万美元的计划——“工作连接”。计划的目标是为了训练更多人投入信息科技事业。

2005年，比尔·盖茨与其妻美琳达以及摇滚乐队U2主唱波诺共同获选为“时代年度风云人物”，以表彰他们在慈善事业之贡献。比尔·盖茨的气场甚至会影响今后美国世世代代享用过他创建的图书馆所带来的精神、文化盛宴的人们。

这样的气场绝不仅仅是财富所能给予的，只有拥有伟大品德的人才能够拥有。财富可以让一些人强大，而伟大的品德气场则让大部分人无法企及。

品德，是人生的桂冠和荣耀，是自身气场的最独特存在。它是一个人尤其是我们这些小人物最高贵的财产，它也是一个人在气场方面的重要财富。好的品德比物质财富更具威力，它使所有的荣誉都毫无偏见地得到保障，它也能使自身的气场得到最大程度的彰显。伟大的品德就像是一股无形的吸引力与掌控力，伴随着时时可以奏效的影响，最能打动人心，也最能让我们这些小人物身上形成卓越的强大气场。

小人物修炼二：自信的气场帮你获得尊重

毕业于哈佛大学的美国个性分析专家哈尔·道农博士认为，一个欣赏自己、信任自己的人比一个否定自己、自卑的人更加容易成功。他们不会因为自己的短处而自我否定，他们知道自己的优点是什么，并且给它找到了合适的发展途径，走在自己设定的康庄大道上的人又怎么可能迷失自我呢？

有一次，哈尔·道农博士在办公室接待了一个由于企业倒闭而负债累累、四处流浪的可怜人。这个流浪汉在进门之后便首先打招呼说：“我之所以会来到这里，是希望你可以帮助我。”

原来，这个流浪汉在对生活绝望、想要以自杀结束无意义的生活时，看到了哈尔所写的一本自我激励的书籍，并因此而产生了继续活下去的勇气。他认为，只要自己与这本书的作者相见，便一定能够在作者的鼓励下再度站起来。

在流浪汉诉说不幸时，哈尔对他进行了从头到脚的打量：对方茫然的眼神、充满着沮丧的皱纹、多天未刮的胡须与紧张的神态，无一不在向哈尔证明着，这是一个无药可救的人。但是，哈尔不忍心打击他。

将流浪汉的故事全部听完以后，哈尔细想了一下，诚恳地说道：

“我并没有办法可以帮助你，但是，如果你愿意的话，我会带你去见一个人，他也许能够帮助你东山再起，让你再次赢得美好的生活。”哈尔刚说完，流浪汉便立即跳了起来，他抓着哈尔的手，急切地想要去见这个能够改变自己生活的人。

哈尔引导他来到了自己平日里进行个性分析的心理实验室，并让他与自己一起望向一个挂在门边的窗帘布。哈尔将窗帘布拉开后，露出了里面的高大镜子：这个镜子可以看到人的全身。

哈尔指着镜子中的流浪汉说：“就是他，在这个世界上，除了他，没有人能使你东山再起。除非你肯坐下来，对他进行彻底的了解，看清他的每一个优势与劣势。否则，你根本不会有任何的出路。因为在你没有真正认识他之前，不管是对你、还是对这个世界，你都永远是一个无用的小人物。”

流浪汉对着镜子仔细地端详着自己的脸，用手摸着自己长满胡须的脸孔，对着镜子里的人从头到脚地打量了几分钟。随后，他后退几步，低下头开始哭泣。当他离开时，哈尔发现，他的脚步已经不再紧张不安，而是变得轻松有力。

几天后，哈尔外出时在街头遇到了他。他说自己已经找到了工作，并打算重新开始。

在哈佛，没有人会因为自己做了一件非常拙劣的事情而担忧，在这些进入了全球最出色的高等学府的学子眼中，弱者才自卑，而他们无疑是未来世界的领袖。可以说，自卑是一种可怕的消极情绪，它会让你在任何时候都看不到自己的优点，更会让你陷入强大的自我诋毁攻势中无法看到希望。想要成功，你首先便要去克服自己的自卑心理，给自己营造强大的气场，唯有如此，你才能将自己塑造成一个自信的人。

苏格拉底曾说过：“一个人是否有成就只有看他是否具有自尊心和自信心两个条件。”是的，对于我们这些小人物来说，只有相信自己，才能不断挖掘自己的潜能，才能够用自信的气场去超越自我，走向成功。

小人物修炼三：要勇敢地承担起责任

古时候，有两个放羊的小孩在一起放羊，结果把羊弄丢了。主人先问大一点的孩子，问他为什么把羊弄丢了。他说，因为自己看书入了迷，才导致羊走丢了。主人又问小一点的孩子，为什么把羊给弄丢了，他说，自己跑去山那边玩，便把放羊的事给忘了。

对于这两个孩子的失职，很多人都有相同的见解。大多数人都会认为，虽然是两个孩子把羊弄丢的，但是一个是为了读书，一个是因为贪玩，所以前者值得谅解，后者应该受到重罚。但是，如果从责任感的角度出发，虽然两个孩子误事的缘由不同，但性质是一样的，即他们都不专注于自己的本职工作。

人从一出生，就有了责任——活着的责任，这是对生命的忠诚。责任不是一种强加的义务，而是生命和生活对人的基本要求。无论你有着怎样的地位，扮演着怎样的角色，都有无法推卸的责任。不负责任的行为，必然会破坏你的气场能量，所以，只有当你勇敢地承担起你的责任，你的气场才会变得更加迷人。

有个叫麦克阿瑟的人，他出身于贵族家庭，母亲从小就向他灌输一些功名思想，所以他总是一方面表现出强烈的求胜欲和野心，另一方面，却总是轻视和忽略那些看似平凡的东西。

1903 年，年纪轻轻的麦克阿瑟从西点军校毕业，他准备好好施展自己的才能，大干一场。不过学校却只将他分配到工兵部服役，并被安排在一家矿井上班，这项枯燥的工作让他觉得难以忍受，他觉得自己在这里不能有什么发展前途，所以很多时候，他都在漫不经心地应付了事。

之后的一年，他又被派往菲律宾执行任务，这一次，表现不错的他不久便被调回国内，在一所工程师学校深造。这时，他对枯燥的学习感到厌倦，转而对那些形形色色的社交活动表现出强烈的兴趣。麦克阿瑟忘记了自己的学业和使命，成天沉醉在社交活动带来的喜悦中。学校的校长温格斯对此相当不满，他认为麦克阿瑟是一个没有责任心的军人，为此他向麦克阿瑟所在部队的领导抱怨："麦克阿瑟中尉表现平平，缺乏责任心，比西点军校的履历表上所记载的要低能得多。"

从工程学校毕业后，麦克阿瑟被分配到密尔沃基工作，无聊的工作让他无精打采，为此他常常擅离职守，跑到附近的家中躲清闲。他的上司了解情况后，对他的行为大为恼火，于是毫不留情地将其调任，并在鉴定书上写着："他除了相貌英俊、仪表堂堂以外，所履行的职责无法令人满意。"

看到这样的评语，麦克阿瑟非常生气，他觉得自己一直都表现不错，应付这些简单的工作绰绰有余。于是，他在调任后决定向上级汇报此事，他怒气冲冲地将自己的意见书交给总工程师马歇尔准将。马歇尔在看到意见书后，非常气愤，一方面他认为麦克阿瑟身为军人却越级报告，这是对军规的蔑视；另一方面，他不该在工作时间跑来干其他的事。最后马歇尔准将退回了意见书，并对麦克阿瑟进行了严厉处罚。

经历了这么多，麦克阿瑟终于醒悟过来，他明白自己虽然能力突出。但是却一直都没有懂得去承担自己的职责，他也明白了能力和态度完全是两回事。从此以后，年轻气盛的麦克阿瑟渐渐变得成熟稳重起来，而且也变得非常富有责任心，并最终成为了一个伟大将领。

美国小说家马克·吐温说：“我们生到这个世界上来是为了一个聪明而高尚的目的，必须好好地尽我们的责任。”一个有担当的人，从来不会推卸自己的责任，因为那是懦夫的行为。在负起责任的时候，你的气场会瞬间强大。试图采取欺骗手段来掩盖错误，逃脱责罚，虽然可能获得短暂的成功，但当事情的真相浮出水面，你的形象和气场都会一落千丈，再难获得认同。所以，一个逃避和推卸责任的人，必将为此付出巨大的代价。

哈佛大学优秀毕业生、美国前总统贝拉克·侯赛因·奥巴马曾经说过：“如今，我们面对的是一个全新的责任时代，人人都须重视，我们对自己、对我们的国家乃至整个世界，都有一份责任。我们会欣然接受这份责任，人生也正因此而充实。”不论何时，不论是对自己、对家庭、对社会、还是对国家，责任感都是不可或缺的。只有负起责任的时候，我们才能找回滋生气场的源泉。

小人物修炼四：谦虚是一种美好的品德

古人说得好："唯有低头，才能出头。"一个总是昂着头大步向前的人，一不留神，就会被撞得鼻青脸肿、头破血流。那些高高在上的人，气场强大但往往很孤独，因为无人敢和他们同行，无人愿和他们同行。正如古代的皇帝，因为权压众人，所以孤独，正应了他那"寡人"之称。所以，哪怕你是个位高权重的"高人"，也不要总是不可一世的样子，否则，不但知己难寻，更怕"暗箭难防"。

印度有一个佛学院，每当新生走进教室，都必须先通过一扇只有 1.5 米高、0.4 米宽的小门。新生们是无法抬头挺胸走进去的，每次都只有低头侧身，才能勉强通过。这是学院别出心裁地为学生们进行的一次终生教育，让他们懂得今后的人生道路上还有很多这样的小门，唯有做到低下头颅、放低姿态，才能顺利通行。

对于我们这些小人物来说，人生在世，总有很多不得不低头的情况发生。所以，该低头时便低头，这不是一种卑微，也不是一种屈服，而是为了更好地处理危机。放低姿态，实际上也是一种低调。低调行事，往往比高调行事更容易成功。因为低调才能不那么引人注目，才能在平和的环境里行事。

比尔·盖茨曾经这样忠告年轻人："卖汉堡并不会有损你的尊严。"同样地，当你放低身价，你就捍卫了别人的尊严，也维护了自己的尊严。放低姿态，就是一种低调处世的行事风格。很多人之所以拥有迷人的气场，都是在低调的过程中蓄积起来的。所谓的厚积薄发，也需要低调的土壤。所以，生活中，我们不妨放低姿态，低调做人。

一个胸怀宽广的人，不会太计较个人得失，不会过于自尊。而那些太自尊的人，是很难让他们放低姿态的，因为他们会有屈辱感。当你放宽胸怀，拥有平和的心态时，你就会很客观地看待尊严，会懂得怎样维护别人和自己的尊严。这样的你，才不会为了放低姿态而觉得没面子。

一个人的个性影响他的行为能力。一个生性要强的人，别说让他主动放低姿态，就是劝说他稍微低低头都难。所以，如果你是性格好胜的人，不妨稍微收敛一下自己的个性，让自己变得圆润一些。一旦人的个性线条柔和下来，他就不会再偏执，就会在适当的时候抹开面子，做一些妥协。

一个有亲和力的人，会让人不知不觉想亲近，因为他不会在无形中给人制造距离感，哪怕他是一个名人，也不会让人有高高在上的感觉。当然，亲和力可不是天生的，说穿了，只有当你把内心的尊卑观念淡化掉，才会表现出真正的平易近人。所以，一个具有亲和力的人本身就是低调的人。

传统观念认为，放低姿态就是向人服软，这是一种错误的观念。对于我们这些小人物而言，放低姿态其实是一种对抗危机的智慧之举，虽然它一时有损你的"面子"，却不会损害你的气场，而且有助于你未来的发展。一个不懂放低姿态而高调做人的人，很容易成为众矢之的，这样的人，永远只能孤军作战。

小人物修炼五：学会掌控自己的小脾气

仪态需要保持，气场需要修炼，任何一种有损仪态的行为，都会被视为破坏气场的隐患，比如发脾气。毕业于哈佛大学的美国思想家、诗人爱默生说：“凡有良好教养的人都有一个原则：勿发脾气。”因此我们，尤其身为一个普通的小人物，千万别把脾气等同于气场，要做温暖的春风，不做凶猛的台风。

很多人习惯把诸如“戒怒”“制怒”等类似的词语用作警示，或者高高悬挂于墙壁，或者制成铭牌放到桌前，或者牢记于心，时时提醒自己不要冲动。但却总是事与愿违，这些总想着把怒火扔掉的人们，却往往会一不小心就大发雷霆，事后还会给自己找一个“是可忍孰不可忍”的借口。

英国文学家培根说：“无论你怎样地表示愤怒，都不要做出任何无法挽回的事来。”这句话中的一个“做”字一针见血地指出了制怒的关键。想让自己做个温文尔雅而不是脾气火暴的人，关键不是如何想、如何打算，而是如何真正地执行。

很多时候，人们习惯用愤怒来表达自己的情感，用愤怒来解决矛盾。一些人认为“以暴制暴”是非常有效的方法，诚然，在某些时候，这种方法确实能很快地达到目的，但其中存在的隐患也成了积郁在众人心头的定时炸弹，一旦炸弹爆发，那就会像核裂变一样彻底形成连锁反应，一发而不可收。

在气场修炼的过程中，我们要学会用行之有效的方法来代替愤怒，而不是一味地压抑着自己的情绪，不停地告诉自己“不要发火”，这种方式有时可能会起到作用，但也在自己心中形成了一颗小小的愤怒的种子，如果种子得到了足够的养分，生根发芽，结果会非常可怕。

不能阻止自己，也不能发泄怒火，所以我们需要另辟蹊径，学着用其他方式来婉转、迂回地应对。比如，在准备发怒之前，我们这样问自己几个问题：发生什么了？这是最严重的后果吗？有没有其他补救的方式？

通过这种自问自答，首先会让我们形成一个“还有办法可以补救”的意识，这样可以在很大程度上缓解我们的愤怒，也因为把精力转移到了思考补救方法上面，所以暂时忘记了愤怒的存在。有了办法，解决了问题，这个时候我们再回过头去看自己的愤怒，会觉得当时的愤怒是那样可笑。

就算我们遇到的问题没有任何挽回余地，难道就是不得不发火的理由了吗？与其这时候用愤怒来发泄，为什么不想想是否可以在其他方面把损失赚回来呢？或者，我们干脆这样告诉自己：发脾气，不但影响了气质，甚至还影响了收入。有时间用发火来损坏自己的气质形象，为什么不用这些时间来赚取更多的财富呢？

聪明的人会想办法保持自己的形象，会尽力塑造更好的形象。只有愚蠢的人才会不计得失地破坏自己在别人眼中的印象。世界上最难逾越的高峰叫作“自我”，征服了自我，便征服了一切。气场修炼十分不易，千万不要因为一时冲动，让愤怒毁掉之前所有的刻苦努力。

小人物修炼六：学会宽容，扭转坏结局

伟大的黎巴嫩诗人纪伯伦曾说：“一个伟大的人有两颗心，一颗心流血，一颗心宽容。”也就是说，宽容在我们为人处世的理念中，是极其重要的，就像血液供养我们的身体一样，它供养着我们的灵魂。如果缺失了宽容之心，我们的灵魂就会失去本真。

拿破仑是法国战神，他带领的军队是19世纪欧洲大陆的一支劲旅。

有一次，拿破仑夜间巡逻查岗。一名站岗的士兵因为太劳累的缘故，靠在大树上睡着了。见此情景，他并没有叫醒士兵，而是悄悄拿起枪替那位士兵站岗。

大约半个多小时后，士兵醒过来，看到了自己的最高统帅，惶恐不安。

拿破仑并没有恼怒，他对士兵说：“你们作战辛苦，再加上走了那么久的路，偶尔的瞌睡是可以被理解和宽容的。只是现在非常时期，一时疏忽可能会葬送全军的前程。我刚好不困，所以便替你站了一会岗，下次一定要注意。”

因为过于疲乏，士兵在站岗期间睡觉，对此，拿破仑并未大发脾气，也没有对士兵做出任何的惩罚，而是在表示理解的前提下提醒士兵下次注意，这让士兵感动不已。他的宽容让士兵对他更加忠心，也让他在军中更有威信。

罗曼·罗兰说：“当你宽容别人的时候，你就不会感到自己和别人站在敌对的位置。”上述故事中，士兵之所以会睡着，是因为行军过于劳累的缘故，并非有意为之。倘若拿破仑没有宽容那位士兵的一时懈怠，而是严厉地批评了士兵，那么他就很有可能把士兵推向自己的对立面，不利于以后的军中治理。多一份宽容，就多一份理解；多一份宽容，就多一份感动；多一份宽容，就多一次让别人重新看待你的机会。所以，不要吝啬自己的宽容，不要挑剔别人的过错，让你的气场中多一份豁达，这将对你的人生有益无害。

林肯在参选美国总统时，他的竞选对手斯坦顿曾使出一切恶劣手段在公众面前侮辱他，诋毁他，让他形象受损，丢尽脸，出尽丑。即便如此，林肯最终还是胜出，当选为美国总统。正当大家都以为斯坦顿就此完蛋的时候，林肯却委任他为参谋总长组建内阁。林肯对斯坦顿的宽容，不仅感动和征服了斯坦顿，也受到了美国民众的赞赏。此后，在跟随林肯的岁月中，斯坦顿总是身先士卒，尽忠职守，以此报答林肯对他的宽容。

由此可见，宽容会让施与受的双方都从中获益，从经济学的角度来讲，它会促成双方的共赢。宽容他人，就是对他人的一种理解和尊重，你的不计前嫌、以德报怨，会让他人看到你灵魂的闪光点，从而欣赏你、感激你；宽容他人，假以时日，会让人看出你的真心所在，从而敬畏你。与其反唇相讥、打击报复、以牙还牙，不如一笑泯恩仇，这样岂不更加快意？对待任何人和事，不要往阴暗面去想，更不要走极端，一心“向阳”，自然也就能做出阳光举动。所以，首先还是要调整好自己的心态，教自己学会宽容，营造更加具有正能量的气场，走向更广阔的天地。哈佛教授杰西卡·斯特恩曾说过：“只有勇敢的人才懂得宽容，懦夫绝不会宽容，这不是他的本性。”不要让你的心蒙尘，不要让你的思想变得狭隘。学会用包容的心态对待自己和他人，这样，大事会化小，小事会化了。当你用微笑和原谅来化解那个恼人的芥蒂，那么恭喜你，你的气场强大了，你的世界也变大了。

小人物修炼七：同情心让人对你有好感

得民心者得天下。赢得民心，得天下；失去民心，失天下。中国几千年历史中，历朝历代，无一例外。作为一名小人物，我们要想在商场、职场建功立业，就要赢得人心。一个人尤其是一个小人物只有赢得人心，左右逢源，才能无往而不胜；而失去人心，众叛亲离，只会让自己举步维艰，一败涂地。

同情和共鸣是赢得人心的法宝，而一味地同情不如直接伸手去帮助别人。这世上有两种帮助，一种是锦上添花，一种是雪中送炭。在他人春风得意时，你帮助他，显得做作而多余，而在朋友遇到生死攸关的危难时，果断地伸出援手会使对方感激涕零，再报以真诚的同情和理解，对方必定会将你视为知心朋友。

电视剧《大宅门》描写了大药材商白景琦传奇的一生。故事中有这样一个桥段。流年不利，物价飞涨，老百姓的日子也越来越难过。时至隆冬，药铺的伙计们只能靠吃难以下咽的棒子面窝头度日。当时各大商行都不景气，纷纷裁员。白景琦却没有那么做。他召集伙计们开会，告诉大家：药铺也在亏损，几位股东的日子也很难过，但众位伙计的日子更加难过。所以，药铺不但不会裁员，还要发钱发物，与伙计们一起熬过难关。

白景琦不愧为一个成功的商人，他着重强调了“股东的日子也不好过，众位伙计的日子更加难过”，不但充分展现了对伙计们的同情与关怀，还告诉大家，其实自己的日子也难过，充分引起了员工的共鸣。于是大家齐心协力，共渡难关。

事实正是如此，一个真正有作为的人，都懂得如何凝聚人心。

海尔集团总裁张瑞敏说：“人的素质过去是海尔成功的根本，今后我们面临的挑战也是人的素质问题，而如何凝聚人心将是企业发展的根本。”《孙子兵法》中讲：“攻心为上，攻城为下，心战为上，兵战为下。”朋友有难时，以同情和共鸣赢得人心，才有可能获取他人的信任与支持，为自己的成功提供便利。

Chapter 6

第六章 营造向上的力量，小人物也能成主角

在这个世界上，你总是处于附属的地位，被他人忽略，相信这不是你想要的。一个小人物，一个普通人，只要你善于积聚气场，营造向上的力量，相信你也可以成为人生的主角。

目标：树立远大目标，勇往直前

如果一个人想创造财富，想干出自己的事业，那么他必须首先唤醒自己的“成功欲”。我们可以说，倘若一个人尤其是一个小人物，如果没有成功的欲望，那他就不可能取得成功，将永远都是一个小人物。

在现实生活中，人们对成功的欲望有多强烈，那么最终爆发出的力量就会有多大。也就是说：我们的欲望有多大，那么我们就能战胜多么大的困难；我们的欲望有多大，我们就能打败多么强大的敌人。等到一个人对成功的欲望强大到可以改变命运的时候，那么，一切困难和挫折都会为他的成功让路。

有很多领导者、企业家正是因为有着强烈的成功欲望，所以他们最终成了人生博弈中的赢家。

亨利·福特是美国著名的汽车工程师和企业家，福特汽车公司的创始人。同时，他还是世界上第一位将流水线引进汽车生产领域的人。

福特从小就对机械很感兴趣，在12岁的时候就为自己建立了一个机械坊，15岁时便亲手造了一台内燃机。后来，他便产生了这样一个梦想：用汽油作动力发明新型的非蒸汽动力汽车。从当时的情况来看，这几乎就是一个不可能实现的目标。可是福特却十分坚信自己这个梦想，而且很注重实际行动。由于有这个梦想，所以福特对成功产生了强烈的欲望，他当时计划用 10 年时间让这个梦想成为现实。

福特在 16 岁的时候便背井离乡，来到了美国的大工业城市底特律，在那里找了一家汽车生产工厂做机械学徒。在这里，他学习到了很多有用的机械知识，也积累了不少经验。当他的技能得到了一定的提升之后，他便在每天下班后开始进行新型汽车的研发工作。功夫不负有心人，当福特 29 岁的时候，以汽油作为燃料的汽车终于诞生了。

在一次新闻发布会上，有记者问福特成功的秘诀是什么，他想了片刻答道："可能是我对成功有强烈的欲望，所以才造就了我的成功吧！"

对于自己所取得的成绩，福特并没有感到满足，他对自己不断提出新要求，这样就让自己对成功的欲望变得更加强烈了。

1903 年，福特和其他的一些投资者集资 2.8 万美元成立了福特汽车公司。没过多久，他就设计出了一款只用 39.4 秒就能行驶一英里路程的汽车。这在那个年代，可是汽车中的超高速。这辆车的问世，让福特在美国名声大振。

福特去世后，在为他举行葬礼的那一天，美国的汽车业界为了纪念他在汽车界做出的巨大贡献，所有的汽车生产线统一停工一分钟。在他去世半个世纪后，《财富》杂志追授他为"20 世纪最伟大的企业家"；在《福布斯》"有史以来最有影响力的 20 位企业家"中，他的名字位居榜首。

可以说，福特对成功的欲望改写了人类的汽车史，为汽车业的发展写下了光辉的一页，同时也为他的人生增添了耀眼的光芒。可见，人要想取得成功，就必须具备始终不渝的奋斗精神，而这种精神力量的强弱则来源于他对成功欲望的大小。倘若唤醒了一个人对成功的欲望，那就要有行动。激励才能让气场为人生添彩，成功才能指日可待。

面对那些富有和成功的人，很多人总是充满了羡慕和嫉妒，总是想象着有一天自己也能取得像这些人一样的傲人成绩。可是，很多年过后，依然有不少人还将想法停留在当初的想象阶段，原因何在？

事实上，人人都拥有成功致富的潜能，人人都可以让自己的生活更美好，可是，倘若我们不用心去做，不去激励自己，那就不会产生积极的气场，没有积极的气场就吸引不来美好积极的事物，于是我们就可能一直停留在羡慕嫉妒恨的状态中。

人人都有羡慕之心，通过羡慕我们可以发现自己的差距，找到自己努力的参照目标，或者当我们失望的时候让我们找到重新崛起的动力。但是，我们不能总是一味地羡慕而没有实际行动。古语云：“临渊羡鱼，不如退而结网。”对我们而言，与其在那里浪费时间对自己的人生目标苦思、渴望或抱怨，还不如积极去提升自身的素质，发挥出自己的气场能量，在实际行动中让自己变强。

法国的大文豪大仲马先生有很高的文学造诣，同时，他的儿子小仲马也是法国文坛上一颗耀眼的金星。

有一次，大仲马得知儿子寄出的稿子总是被退回，于是就告诉儿子试试在寄稿时随稿给编辑附上“我是大仲马的儿子”这句话，说不定情况就会好多了。

可是，小仲马并没有接受父亲的建议，他认为，倘若自己这样做，根本就得不到提高，而且那样对自己并没有多大的好处。

年轻的小仲马没有以父亲的名气来开拓自己的事业，而且他还不露声色地给自己取了十几个笔名，他这样做就是为了防止编辑们把他和大名鼎鼎的父亲联系起来。

作品一次次地被退稿，可是小仲马没有沮丧，他还是坚持创作。

当他把长篇小说《茶花女》寄出后，终于获得了佳音。这部作品构思绝妙，文笔精彩，使一位资深编辑深受打动。这位编辑和大仲马有多年的书信往来，当他看到这份稿件的地址和著名作家大仲马的丝毫不差，他怀疑可能是大仲马另取了笔名，可是作品的风格却和大仲马以前的截然不同。于是，在这种兴奋和疑问的驱使下，这位资深编辑便迫不及待地乘车去造访大仲马家。

结果让他没有想到的是，《茶花女》这部伟大的作品，竟然是大仲马的儿子小仲马，一个名不见经传的年轻人写的。

“那您怎么不在稿子上署您的真实姓名呢？”编辑很疑惑地问小仲马。

“我只想让自己拥有真实的高度。”小仲马答道。

这位编辑听了小仲马的话，赞叹不已。

当《茶花女》出版上市后，当时法国的很多著名书评家都认为这部作品的价值大大超越了大仲马的代表作《基督山伯爵》，从此，小仲马的名气开始名扬天下。

虽然用父亲的影响力可以给小仲马带来帮助，可是他并没有那么做。父亲的成功始终属于父亲，他并没有羡慕，而是用自己的气场打造了一片天地，为自己开拓了人生之路。

羡慕别人的成就可以，可是我们更要懂得打造属于自己的气场。要学会为自己鼓掌，要尊重自己的价值，从而让自己在竞争中得到一份鼓励和温情。

人人都是生活的导演，如果总是羡慕他人而不激励自己，那我们就会把自己的生活演得没有活力，没有生机。而激励自己能让我们的气场更加积极向上，这样，我们的生活也就会更精彩，就等于挖掘出了我们生命中所埋藏的巨大能量。

信念：给内心世界一个支柱

人要站得稳，就必须有脊梁骨。同样，人的精神力量要强大，就要有精神支柱，也就是我们的信念。打造气场，就是打造我们能够感染人的精神世界，这个世界更需要一个支柱。

有了精神支柱，我们便会坚定信念，勇往直前。不管遇到什么困难，我们都不会轻易放弃自己要做的事情。可以说，信念是我们奔向理想目标的助推器。为了打造强大的气场，我们需要有强劲的助推器，需要让自己的支柱强而又强。

哪怕你是一个小人物，只要你有坚定的信念，也会让周围人感受到不同寻常的魅力，让他们心底也散发出一股力量，这样你不但能推动个人的发展，很多时候，还会推动别人。

下面的文字是一名黑人小人物的回忆。

童年时代，我唯一记得的事情，是和母亲一起逃命。当时所有的男人、女人、孩子，甚至狗、猫、鸡、鸭都发了疯似的跑。那是 1927 年，我才 9 岁，密西西比河的天然堤坝被大水冲毁了。为了活命，我们朝高于我家乡阿肯色州阿肯色城的大堤狂奔，身后，河水正咆哮着涌进城市。

洪水嘶喊着追逐我们，母亲用有力的手抓住我的手，抓得那样紧，我觉得手都快碎了。好一阵子，洪水与我们近在咫尺，我觉得我快不行了。我心里的恐惧告诉我，我可能要死在这儿了。就在我觉得双腿沉甸甸的，几乎要倒下时，母亲却猛然加速，拉着我冲上了大堤的斜坡。堤上的人伸出援救的手，把我们从潮湿滑溜的斜坡拉上安全地带。我们活下来了，但我们所有的东西——衣服、家具和辛苦积攒的几美元钱，全葬入洪水中了。

于是，我们不得不一切从头开始。母亲生于1891年，成长在私刑泛滥和三K党将黑人商人赶出城市、将黑人政治家驱出政界的年代。她为贫困所迫，只读了三年的书，便开始干活养家。年轻时的母亲移居阿肯色城，给人当佣人，并热心于当地的社会活动。日子虽然很苦，但母亲无论何时何地，总是心情开朗，对生活满怀希望。

母亲个头不高，但很强壮，脸上总带着笑，有钢铁般的意志。她走路身板直挺挺的，扬着头，是个气度不凡的女人。母亲饱尝过痛苦、失望和恐惧，但这些都没有打垮她，她都挺了过来，并由此生成一种特殊的尊严，就是那种饱经沧桑，不再对未来的任何困难有畏惧的女人的尊严。

母亲对我的教育极其严格，如果我犯了大错，她甚至会用软鞭子抽我。我长大后，人们常问我为什么不抽烟。他们不知道，我第一次偷偷抽烟的时候被母亲打得三天起不了床。

我家没什么钱，但我从没有挨过饿，冬天还能生火取暖，夏天还有冰箱储存的冰淇淋。这都是母亲的功劳，是她辛苦劳作换来的。那时的我，非常渴望过一种更好的生活，摆脱包围我们的肮脏和痛苦。于是，我想到了上学。但那个时候阿肯色城的中学不招收黑人，小学将要毕业的时候，像我的祖辈、我的母亲一样，我面临着辍学，过一种苦力加屈辱的生活。但是，我的母亲比我还不甘心，她不希望她的儿子和她一样一辈子做苦工。在她看来，凡是你想做的，只要奋力尝试，就一定会做成。

母亲决定送我去芝加哥读中学，在那受体面的教育，这样我才有可能成为出类拔萃的人物。我简直不敢相信母亲的想法，这是要有非凡的刚强信念来支撑的，而且，为了实现这个想法，母亲得用尽家中的所有积蓄。

可是，母亲毅然决然地做了。母亲加倍干苦工，帮码头工人洗衣和做饭，所有能揽到的活计她全都包下。我即将毕业的那个夏天，她像着了魔似的干活，而我看见母亲如此，也开始利用课余时间帮着母亲为整整 50 名工人洗衣、熨衣和做饭。

两年后，母亲带着所有的积蓄，不顾继父的反对，拉着我踏上了奔往芝加哥的路程。我深知母亲有多爱继父，但母亲说，她更爱知识和自由，那是她的信念。正因为母亲的力量支持，我加倍努力地完成了学业，创办了《黑人文摘》杂志，获得了巨大成功。

可是，不管我获得多么大的成就，我永远都忘不了母亲给予我的力量。她的信念，她的精神，一直影响着我，伴我一生！

有人很好奇，什么是人生，什么是信念？

哲人回答说：“你见过参天的大树吗？如果说人生是那参天的大树，信念就是那挺立的树干。树干一倒，大树则倾；信念一失，人生则危。”

罗曼·罗兰曾说过，人生最可怕的敌人就是没有坚强的信念。所以，树立信念，坚定信念，气场的打造就会更容易，我们的人生就会更美满。

我们的一生是一个追寻梦想的过程。这个过程是艰苦的，我们要学会坚持，这样才能让自己的气场在实践中不断发挥作用，从而让我们距离目标越来越近。

一分耕耘一分收获！你付出了，自然就会得到收获！没必要向挫折低头，也没必要向困难屈服，不要因艰辛而后退。拼搏吧！携着你永恒的心，带着你坚强的毅力，踏着稳健的步伐向前方走去，直到最终抵达成功的彼岸。

机遇：机遇不是等来的，而要主动出击

韩愈说："千里马常有，而伯乐不常有。"意思是说，有能力的人太多了，但是，能看到别人有能力的人很少。从古至今怀才不遇的人太多了，所以机遇才如此重要，对于一名小人物更是如此。但是，想要有不错的机遇，就要自己当伯乐。这一点可以学学姜太公和诸葛亮。

姜太公，又名姜尚，他出名不是因为后来成为周文王（姬昌）和周武王的功臣，而是他得到文王赏识的方法。出身低微的姜尚，纵使满腹经纶，拥有凌云壮志，前半生也过得困顿不堪。听到姬昌礼贤下士，年过七旬的老头出发了，一走就是千里之遥。但是，到了西岐——姬昌的封地后，他没有登门毛遂自荐。毕竟，权贵的门口想要进去是不容易的，何况年过七旬、穿着破烂的老人。

姜尚选择了另一种方式打开了姬昌的大门。他垂钓渭水之滨，但是，鱼钩是直的，当然，连鱼饵也不用挂。路过的樵夫说道："你这样钓鱼，别说三年，就算一百年，也没有一条鱼上钩。"姜尚说："我的鱼钩，不是为了钓鱼，而是要钓王与侯，直钩钓鱼，才是大丈夫所为。"

直钩钓鱼和姜尚的话，很快被周围的人一传十、十传百，最后传进

了姬昌的耳朵里。准备兴周伐纣的姬昌得知这件事很是惊讶。他斋戒三天，沐浴更衣后，抬着聘礼，就赶往姜尚垂钓的渭水，相见后，才知姜尚果真不凡，于是便封姜尚为相。此后，就有了武王伐纣灭掉商朝。而姜尚也真的钓到了一位“王侯大鱼”！

这就是姜尚的机遇，在七旬高龄到了姬昌帐前，人生就此转变。出名不分早晚，成就没有先后，但是，一个人在年老的时候，还能坚持为自己的“机遇”而拼搏，是很少有人能做到的，所以值得敬佩。

现在，我们再来谈谈诸葛亮的机遇人生。

战争总是为有野心的人准备的。诸葛亮（字孔明）自称南阳卧龙，才华可比管仲、乐毅。但是，最初孔明的才华并没有人问津，所以他才会躬耕南阳。那么，他怎么钓到明君刘备的呢？很显然，答案是有心计，有准备，有预谋。

在刘备还是一个小人物冲杀疆场的时候，曹操已经帐下千人，而孙权那里，也早有了“内定张昭，外定周瑜”。但是，这些地方没有孔明的一席之地。所以，他虽然早就了解当时的政治背景，包括当时的人脉关系网（从舌战群雄中，就可以看到孔明早就了解了孙权帐下的人），但是，孔明还是选择沉默，只是告诉大家，“得卧龙者可得天下”。

听到这样的话，想要有一番作为的人自然会心动，而刘备就是其中之一，他是通过徐庶得知孔明的。可见，诸葛亮的人缘和人品很不错。而后，在刘备的三顾茅庐之后，孔明出山了。

这就是孔明的机遇。他在精心谋划之下，共建了蜀国大业。其实，历史上真正有能力的人，往往不是毛遂自荐的，相反，他们用自己的智慧，吸引着强者来与自己结交，这就是用自身的才华营造而出的气场。

主要来说，他们通过这几个方面来传达自己怀有才能的信息——

第一，经营好的人脉。

一个人的人脉有多广，他成功的概率就有多大。认识两个人的机遇，远远小于认识两百个人。诸葛亮很好地运用了人脉，如徐庶。你呢？如果你还没有成功，那么，很可能是因为你的人脉不够广，没有人愿意介绍你给别人认识。

第二，坚持。

机遇就像飞鸟，不知道什么时候从天空飞过。所以，你想要抓住机遇，就需要坚持。姜尚坚持住了，等到了姬昌携聘礼而来，封王拜相。在坚持中，难免有枯燥，但不要因此而牢骚满腹，这会让你的机遇消失，因为当你发牢骚的时候，可能你的机遇刚好来，却被你的牢骚吓走了。

第三，把握住。

孔明三次推辞刘备的聘请，不是欲拒还迎的把戏，他是在考验刘备是不是明君。当刘备经受住了考验，孔明就打开柴门，与他卧榻谈论天下大势。如果你有了机遇，并且确定这是你的机会，那么，不要犹豫。一旦错过，你可能会等到下一个机会，但是，很可能你一辈子也等不到。

追求机遇是把变化莫测的人生改变为可控的人生，这是一种不妥协于命运的气场。有运气的人，往往更是那个背后运营的策略者，而这就走向了成功。你呢？如果不想怀才不遇，开始筹划你的人生吧！

超越：能驾驭本我才能超越自我

按照弗洛伊德的学说，“本我”属于潜意识，受到意识的支配，而意识也会受到社会道德的制约而无法展现其本来的面目。因此，人们的行为更多地表现在“自我”这个层面上。

对于“本我”和“自我”的关系，弗洛伊德曾经打过一个比方：“本我”是马，“自我”是马车夫。马是驱动力，马车夫给马指引方向。“自我”要驾驭“本我”，但马可能不听话，两者就会僵持不下，直到一方屈服。对此，弗洛伊德有一句名言：“‘本我’在哪里，‘自我’即应在哪里。”“自我”又像一个受气包，处在“三个暴君”(“外部世界”“超我”和“本我”)的夹缝里，努力调节三者之间相互冲突的要求。“外部世界”是由哲学起源的，它和内心世界是相对的。“超我”代表良心、社会准则和自我理想，是人格的高层领导，它按照至善原则行事，指导“自我”，限制“本我”，就像一位严厉的一家之主。

从以上的解释中不难看出，超越自我是一种努力向善、努力表现成熟卓越的境界。但是，超越自我是建立在“本我”的自然基础上的，如果没有“本我”这个基础条件，无论对社会道德与行为准则有多大的认同程度，超越自我也很难在与“本我”的斗争中胜出。

要善于运用积极的心理暗示影响潜意识，即“本我”。战胜别人，先要战胜自己，战胜自己首要的是实现对“本我”的驾驭。

作为一名小人物，我们常常听到人们抱怨，人生中有太多的敌人，包括学习中遇到的沟壑、事业上难爬的高山、生活中隐藏的陷阱。竞争的年代，又平添了众多的对手，时时向你发起挑战和进攻，就像枪口对枪口，尖刀对尖刀。你稍一麻痹，稍一犹豫，就将前功尽弃或前程断送。可你哪里知道，真正的敌人不在眼前和背后，而是你自己。你要战胜各种艰难困苦，先要战胜你自己，也就是要发挥出你的潜能。只有发挥出你最大的潜能，你才能实现对“自我”的超越。

美国有位叫凯丝·戴莱的女士，她有一副好嗓子，一心想当歌星，遗憾的是嘴巴太大，还有龅牙。她初次上台演唱时，努力用上嘴唇掩盖龅牙，自以为那是很有魅力的表情，殊不知却给别人留下滑稽可笑的感觉。有位男观众很直率地告诉她：“龅牙不必掩藏，你应该尽情地张开嘴巴，观众看到你真实大方的表情，相信一定会喜欢你的。也许你所介意的龅牙，会为你带来好运呢！”

一个歌唱演员在大庭广众之下暴露自己的缺陷，先是要用理智说服自己，还要有勇气打败自己。对于这位男观众给出的忠告，凯丝·戴莱决定尝试，但是，又想“谁知道他是不是故意想要让自己出丑呢？”但最终，凯丝·戴莱不断说服自己：要彻底放开，不再为龅牙而烦恼！她尽情地张开嘴巴，全身心地投入歌唱中，果然，换来的是观众热烈的掌声。

有时，“本我”“自我”的激烈冲突，仿佛一场战争，让你深感身心疲惫。不过，超越自我就要摆脱消极心理暗示的纠缠，实现对“本我”的控制。

从心理学的角度来看，实现自我超越，最重要的是驾驭自己的潜意识，而并非去做一些自己根本办不到的事情。弗洛伊德所提出的“本我”“自我”和“超我”概念是一个相互联系又相互制约的互动过程。也就是说，超越自我总会受到“本我”的制约，两者之间的冲突不断，妥协点通常会落在比较现实的“自我”上。

当一个人由于“本我”的制约而不能实现超越自我时，往往会患上神经衰弱症。当超越自我的想法发展到极致而又无法实现时，人往往容易反过来坠入虚无的深渊，突然对周围的事物变得淡漠，患上人们常说的“忧郁症”。因此，人在为自己设定超越自我的目标时，应量力而行，去发掘那些尚未开发的潜能，而不是让自己去“水中捞月”。从唯物主义的观点来看，没有哪个人能真正地实现超越自我，因为人不可能在超出自己能力的情况下实现任何企图。超越自我更多的是一种发掘潜能的心理暗示。

弱点：克服短板才能成就完美人生

西方有一句谚语：成功需万事俱备，失败则只需一因。不错，如果一个人的优点很多，可是只要他有一个很大的毛病，就会让人觉得很厌烦，很难接受他。没人愿意和他交往，他就不会有强大的气场。

作为一名小人物，我们身上的每一个弱点和短处，如犹豫不决、忧虑、嫉妒等，都会对我们的气场产生影响，同时也影响着我们与其他人的气场之间的能量交换。这些弱点和短处就是我们小人物人生的短板，要让自己拥有更强大的气场，那就必须克服人生短板。

1.恶习

生活中，我们经常会在不知不觉中形成一定的行为习惯。好的习惯自然能为我们的气场提供动力，可是不好的习惯尤其是恶习（如懒惰、酗酒等），则会成为我们气场的短板。所以，我们应该将自己的习惯进行分类，改掉那些恶习，以免让自己的人生毁在恶习上。

2.犹豫

所有成功人士共同的特质之一就是立即行动，而犹豫不决则成了很多失败者的共性。因为犹豫不决，他们总是怀疑自己目前的行为，让自己始终都处在犹豫之中。有时候，当他们看准了一项事业后，做到一半的时候又觉得还是另一个职业更为保险，所以就半途而废。这种人也许会在较短的时间内取得一些成绩，可是从长远来看，他最终也是一个失败者。因为那些遇事迟疑不决、优柔寡断的人很难取得引人注目的成就。

3.犯错

虽然人常说失败是成功之母，但是，在下面这两种情况下，犯错误就是一种缺陷：一种是在同一个问题上经常犯错误；另一种是犯错误的频率比别人高。这些错误之所以出现，或许是因为态度的问题，或许是因为做事根本就不细心、不负责任，可无论是哪种，都对我们的成功没有好处。所以，我们平时要学会控制自己，改掉马虎大意等不良习惯；当犯错之后就不要找借口，而要吸取教训并加以改正。

4.忧虑

通常情况下，人们的精神压力并不来源于眼前的现实，而是对过去所发生的事情的悔恨，同时还有对明天将要发生的事情的忧虑。忧虑会让我们的心情降到冰点，同时还会给我们的工作和学习制造更大的压力，而且忧虑对解决问题没有任何正面的帮助。所以，我们要控制自己的情绪，客观地看待问题。

5.妒忌

妒忌会让我们做事的时候产生不理智、不积极的态度，这样可能会导致事倍功半，甚至劳而无功。所以，在日常交际中，我们都应该学会平和、宽容地对待他人。

6.自卑

自卑会让我们的自信心受到极大的挫伤，同时也会扼杀我们的气场。所以，在做事情的时候，一定要相信自己的能力，可以在内心告诉自己“我能行”“我是最棒的”，通过这样去鼓励自己，才能把事情办好，人生才能走向成功。

7.虚荣

人人都有虚荣心，可是虚荣过度会让人变得自负自大，整天只想听一些赞美之辞，而对他人的正确意见和建议听不进去，这对我们的未来是不利的。所以，我们应该控制虚荣心，正确地认识自己。

此外，我们在做事的时候，一旦遇到问题不要一味蛮干，应该找到问题产生的原因，将问题彻底解决。

困境：换个角度，也许能更好地解决问题

作为一名小人物，我们在生活中难免会出现思维定式，它会僵化我们的思维，扼杀我们的创意。这时候，我们就需要学会换个角度想问题。

当你换个角度去面对生活的时候，你会发现，自己的思维定式已在不知不觉中被破解，新意也会涌上你的心头，你所面临的困难也会出现转机。换个角度会让我们的气场能量依然保持积极向上。

20世纪30年代初，美国遭遇了史上最严重的一次经济危机。当时，银行关门、企业倒闭、工人下岗，美国经济几乎陷入瘫痪。这时候要找到一份工作可不是容易的事。当时，一位年轻的姑娘用了好几个月的时间终于找到一份工作——珠宝店的售货员。

圣诞节前夕，珠宝店里来了一位年轻的男顾客。这位顾客穿着干净整齐，一看就是个有修养的人。但从他的忧郁表情中可以看出，这次的经济危机或许给他的事业也带来了沉重的打击，他正承受着事业失败的不幸。

当时已到下班时间，顾客们相继离去，其他的店员也纷纷走了，店里只剩下这位年轻姑娘一个人。“欢迎光临！”姑娘微笑着对那位男顾客说。那位男顾客很不自然地笑了一下，赶紧将目光从年轻姑娘的脸上

移开，好像在说：我只是随便看看而已，你可以不理我。

突然，电话响了起来。这位姑娘准备去接电话，正往电话机旁边走，可是不小心将柜台上的一个盘子给打翻了。这个盘子里盛的是5颗闪闪发亮的宝石。于是，姑娘急忙弯腰去捡。可是，她在地上找来找去只找到4颗。姑娘正纳闷呢，抬头向四周一看，发现刚才的那位男顾客正在向店门口走去。

她忽然猜想到了第5颗宝石在哪里。此时，那位男子刚打开门，年轻的姑娘柔声叫道："对不起，先生。"那位男顾客转身过来，两人目光对视，可是都没有说话。年轻的姑娘开始害怕了：要是这个人拒不承认怎么办？要是他动粗怎么办？"怎么啦？"还是男顾客先开了口。

年轻姑娘极力控制自己的紧张心情，她鼓起勇气对那位男顾客说："先生，这是我的第一份工作，现在找个事儿做的确很不容易，我想您也深有体会，是吧？"

"是的！确实是这样。"他回答，"但是我可以肯定，你在这里将会干得不错。"说完，他向前走了一步，把手伸给她。"谢谢！"年轻姑娘也伸出手，两只手紧紧握在一起，这时候，年轻姑娘感到，那颗宝石正好在自己的手心。随后，男顾客缓缓离开，消失在暮色中。年轻的姑娘看着这个逐渐消失的背影，将手中的第5颗宝石放到盘子里……

这个故事告诉我们，生活中遇到困难时换位思考，以你的真诚和爱心打动对方，便可以得到美好的回报。当你受到别人伤害的时候，要是依然能真诚地站在对方的角度，想到他们的需求和感受，这时在积极气场的影响下，你意想不到的回报就可能会悄然降临在你身上。

换个角度，你将会拥有一个全新的世界。平日里，你可以多参加健身活动，在运动中转换自己的思维；节假日，你可以选择离开闹市，多多亲近大自然，享受阳光，这样也能转换你的思维角度，让你能从紧张的工作和生活中放松下来，同时也让你的气场得到重新焕发活力的机会。

作为一名小人物，我们的人生不如意之事十之八九，就像一座山一样，有高峰也就必然有低谷。当你走到人生低谷时，切不可自卑，更不要有破罐子破摔的态度。此时，你不妨换个角度：正是由于人生会有不少失败，所以我才付出百倍的努力，才懂得把握现在，珍惜拥有。即使我的努力没有取得暂时成功，但这次经历也是我成长路上的一笔财富。

所以，当我们这些小人物在处理事情和解决问题的时候，从一个角度看，你可能找不到突破口，一筹莫展，而换个角度去思考，你就会发现，原来这个问题并不难解决。这样，你的态度积极了，气场也就积极了，从而形成良性循环，让你的人生越走越成功。

Chapter 7

第七章 结交有正能量的人，小人物也能拥有大能量

生活中，我们取得的成就总是少不了他人的帮助。在人际交往中，善于运用气场的正向能量，那么你就能获得人气，让自己成为受欢迎的人。

气场是影响人际关系的关键

在生活中，不管是普通人，还是成功人士，与人的交往都会从互不相识，到变得喜欢对方、和对方成为朋友，或者讨厌对方、相互敌视，这真的是一个非常奇妙的过程。那么到底是什么因素在起作用呢？其实，因素是多方面的，但不可否认，气场是影响人际关系亲疏的重要原因之一。

哈佛心理学家克思博士曾做过这样一个实验：

让一名男性同时和两名女性说话，一名女性坐在离他0.5米的地方，另一名女性坐在离他2.4米的地方。等谈话结束后，调查这名男性对谁的好感多一点。结果显示，男性们普遍认为自己对坐在0.5米远地方的那位女性更有好感，这也说明了距离越近，气场越强大。这种气场的作用在语言策略上也同样适用。

心理学研究表明，一个人的言行反映了其内心，言行、眼神等都在向别人传达着某种信息，让别人读出你是否友善，是否愿意与人交谈。没有人愿意接近一个外表孤傲的人，因为没有人愿意看到自己被拒绝的场面。因此，人们往往乐于去接近那些气场比较温和、亲善的人。

劳伦是一位来自洛杉矶、经验丰富的女商人。她穿着十分考究，很讲究个人品位。由于想放慢生活节奏、得到更多的归属感，劳伦搬到西南部的一个小城镇。她喜欢这个城市和这里的居民，但是她感到自己在这里并不受欢迎。她对此百思不得其解，后来，还是她的同事给她指出，她的衣着谈吐让当地人觉得她是在装腔作势，让人产生一种距离感。于是，劳伦开始改变自己的穿着和说话方式，她穿着很随意的衣服，与当地人谈论当地的事情，试着让自己多参加当地人的社交活动，试着让自己看起来更加容易接近。慢慢地，她发现自己与新邻居和新同事都变得融洽了。

在人际交往和认知过程中，往往存在一种倾向，即对与自己较为相似的对象，会更加乐于接近。人都喜欢待在熟悉的环境里，和熟悉的、和善的朋友交流。人们在充满亲和力的气场中，不仅身体放松而且精神愉悦，因此很多销售员会在销售活动中营造这种充满亲和力的气场。

威廉·怀拉原本是全美职业棒球队明星球员。40 岁时，他因体力日衰而被迫退休。退休之后他没有像别人一样继续端着明星的架子混吃混喝，而是前去应征保险公司的推销员。

他本以为凭借自己的知名度，理应被录取，没想到却被淘汰，人事经理对他说："保险公司推销员必须有一张迷人的笑脸，而你却没有。"威廉·怀拉听了经理的话，不但没有生气，还决定放下身段，回家苦练笑脸。他每天在家里放声大笑几百次，搞得邻居都以为他因失业而发疯了。经过一段时间的练习，他再次去见保险公司的经理。经理却说："还是不行。"威廉没有泄气，继续苦练，为此他还专门收集了许多公众人物迷人的笑脸照片，贴了满屋子，随时观摩学习。后来还买了一面与身体同高的大镜子摆在屋内，以便观察自己的进步。隔了一段时间，他又去见经理，经理微笑着说："好一点了，不过还是不够吸引人。"

威廉还不认输，回到家之后又加紧了练习。有一天，威廉外出散步时碰到社区的管理员，便很自然地对他笑了笑，并打了个招呼。没想到管理员对他说："怀拉先生，你看起来跟过去不大一样了。"

原本他也笑，也会跟人打招呼，但是从不跟社区管理员打招呼，也不愿意对自己不喜欢的人笑，但是现在他却放下了明星的架子朝管理员笑了笑。他突然明白，自己虽然每天练习笑容，但并不是发自内心的，而是为了获得这份工作。于是他转变了想法，对每个人都露出了发自内心的微笑。后来，他终于征服了那位挑剔的经理，成了一名保险推销员，再后来他用这迷人的微笑征服了许多客户，获得了成功，他的笑容被称为"价值百万美元的微笑"。

不管一个人多么富有，多么心高气傲，都难免要在生活的压力面前微微弯下腰。案例中怀拉曾经是耀眼的明星，但是他退休之后并没有继续摆明星的架子，而是主动去应聘推销员的工作，对那位挑剔的经理一再地妥协，最终征服了对方，赢得了自己美好的未来。这就是提升亲和力的气场所发挥的强大作用。

作为一个小人物，如果我们拥有积极的气场，同样也能让自己的人脉得到扩大，这是因为当我们和他人进行交往的时候，彼此的气场会产生相互影响，积极的气场可以吸引别人的关注。

在生活中，一些气场消极的人，总是不愿意和别人进行沟通，所以他们就不会建立起良好的人脉关系。这样的消极气场有两个方面的体现：一方面是自己说话不得体，也就是不知道究竟该说什么好；另一方面是自己的谈话能力差，这主要是指应变能力，如当其他人说出一件事情的时候，有一些小人物就可能不知道该如何进行应对。

一个人表达能力好，是指他对自己所要表达的意思不但能够表达清楚，而且还能根据不同的对象来掌握自己说话的语气分寸，这种人的气场是积极的，也能让他人感受到积极的态度，这就像一个激情澎湃的演说家在台上演说时，我们经常会觉得心潮澎湃。

气场积极的人，他和别人谈话的时候，能让别人感受到他的自信和快乐，因为积极的气场能量可以把我们的积极情绪带给别人。相反，一个拥有消极气场的人，则会把自己的消极情绪带给别人。在交际过程中，有一些小人物我们很愿意和他们交谈，而有一些小人物我们则不愿意和他们交谈。我们愿意和他们交谈，是因为他们身上的气场能量比较积极，能给我们带来积极的影响；不愿意和另一些人交谈，是因为他们身上的气场能量比较消极，会给我们带来消极的影响。

借助贵人，善借人脉好办事

小人物没有背景，缺少足够的后台，可他们常常善于借助大人物的力量，找个贵人帮个忙。这是小人物快速实现目标、节约成本的不二法则！

如果你是一个小人物而又想有所成就，你就得借助你身边人的能力，尤其是比你强的人、即贵人的力量办事，这样你会节约很多财力、物力，并快速取得成效。别看小人物小，他们身上其实也有很多值得学习的地方。

比如汉朝开国皇帝刘邦，他虽然出身平民，但是，作为一个小人物，他善于运用人才，懂得借人才之力来辅佐自己，最终战胜西楚霸王，成就了自己的伟业。

刘邦手下有一帮贤才帮他打天下。他曾说过："运筹帷幄，决胜于千里之外，我不如张良；善用人才，治理国家，安抚百姓，为军队提供补充，我不如萧何；率百万之众，战必胜、攻必取，我不如韩信。"然而，最后坐拥天下的却是刘邦，何也？就是因为刘邦能够集三者之长为己所用，善于借贵人成大事。

在古代帝王打天下的过程中，"人脉即王脉"，而在今天这个互通有无的社会，人际关系仍然是非常重要的资源，真可谓"人脉即钱脉”。生活中，我们常会说到某某人借了某某人的光。中国自古有很多与“借光”有关的成语，如狐假虎威、攀龙附凤等。我们略加留意就会发现，传统上对“借光”评价不高，甚至为君子所不齿。诚然，小人只会沾光行骗，欺世盗名，狗仗人势，但这并非借光本身的错误。只要动机纯正，借助各种外力提高自己的知名度和办事效果，便是被社会承认的方式之一。

很多人有一个误区，似乎一提“借光”便是一种不轨的心计，其实这是误解。善于借力，实际上是行走人生的大智慧。

近代实业家张謇，就是通过借助贵人之力来实现自己的志向并成就自己事业的。

张謇于1853年出生于江苏南通一个世代耕读家庭，在五兄弟中排行第四。

张謇的聪明才智在他很小的时候就显现出来了：

小时候，他的老师出了一则上联：人骑白马门前过，让学生对下联。张謇的三哥对的是“儿牵青牛堤上行”，而张謇对的却是“我踏金鳌海上来”，可见志向很高。

科举对张謇来说，可谓“成也科举，败也科举”。他三十三岁才中举人，之后连续四次参加进士考试，均榜上无名。对科举失去信心的张謇，决定不再参加科举考试。但在父母的强烈要求下，不得不于1894年再次应考，不料这次却得到了主考官翁同龢的赏识，高中状元。从此，张謇的命运有了转折，儿时那“海上踏金鳌”的志向得以实现。

甲午战争的战败和丧权辱国的《马关条约》的签订，令张謇对清政府大失所望，他表示，“大丈夫愿成一分一毫有用之事，不愿居八命九命可耻之官！”

于是，张謇毅然辞官，决定在家乡投资实业、兴办教育。

应该投资哪种产业，成了摆在张謇面前的难题。经过认真考察，他发现：南通的传统种植业是棉花。南通种植的棉花，不仅产量高，而且质地优，被誉为“沙花”，名满天下。而且当地农民具有高超的纺织技术，因此张謇决定在南通发展纺织业。

张謇知道，要想在南通顺利地办实业、兴教育，首先必须取得朝廷的支持，尽管那是一个腐败的朝廷。怎样才能取得朝廷的支持呢？张謇想到了借助贵人之力。

借助谁呢？他想到了张之洞。张之洞是清末名臣，是洋务运动的兴起者。他是一个思想开明的人。当时，张之洞正任两江总督。张謇与张之洞之前就有过交往，张謇觉得张之洞应该会帮助他。

于是他拜访了张之洞，向其倾诉了自己的想法。果然，张之洞也大力推崇兴办实业。他见张謇是新科状元，又热心于实业，便委派他在南通筹办纱厂。

有了张之洞的支持，张謇信心大增。回到南通后，他游说当地的豪门富户，有钱的出钱，有力的出力，还力邀本地的花布商人沈燮均、陈维镛、刘桂馨以及上海洋行买办郭茂芝、潘鹤琴和绅商樊时熏等人入股，成立了最初的董事会。董事会现场勘察，选定了南通城北 15 里的唐家闸作为厂址所在地，并且确定厂名为“大生纱厂”。可是，购买机器所需要的资金还是没有筹够。

多方筹借无果后，张謇只得再去找两江总督。此时张之洞已经被调任两湖总督，接任两江总督的是刘坤一。

刘坤一热情地接待了张謇，可当张謇提到资金时，他却面露难色，他先是让张謇打他的旗号去借，后来又建议张謇到湖北去找张之洞。于是张之洞再次成了张謇的贵人，此时张之洞正好预定了一套机器，准备投入他在湖北成立的纱厂，当张謇找到他时，他表示愿意把这套机器送给张謇，但条件是张謇的大生纱厂筹建工作必须在他的纱厂筹建好之前完工。

为了得到这套机器，张謇和他的工人们加班加点，终于赶在了张之洞的纱厂筹建好之前完工。机器运来了，1899 年，大生纱厂正式开工，当第一缕棉纱从生产线上下来的时候，张謇激动得流下了眼泪。

从此，张謇以大生纱厂为起点，开始了他“办实业、兴教育，以救国家”的救国理想。

张謇的成功源自他心怀天下、救国救民的信念以及面临困难时不屈不挠、永不言弃的精神。但是，他明白，他的救国理想不是他一个人所能实现的，他懂得借助外力，尤其是在起步之初借张之洞这个贵人，来减少他通往成功之路的阻力。

每个人在成功的过程中，都会或多或少地受到他人的帮助，只不过这帮助有时是刻意借来的，有时是他人主动给予的，前者是英明，后者是幸运。在这个世界上幸运儿很少，即便是幸运儿也不可能时时幸运，这就需要你

运用你的智慧，主动去借贵人之力来成就你的事业。

张謇正是有统揽大局的眼光，善于借助贵人，借外力成大事。所以，他找到张之洞、刘坤一等地方大员，让他们认同自己的想法，由此借用他们的力量来成就自己的愿望。

那么，借助贵人之力，具体应该怎么做呢?

1.找寻贵人

贵人一般指职位比你高且能帮助你晋升的人。有时你得费心地去分辨谁具有这种能力。你或许以为，你的晋升概率取决于顶头上司对你的评语好坏，这观念或许是正确的。但是，也有可能你的顶头上司在更高管理阶层眼中并不受重视，因而可能不在乎他的推荐和评语好恶。所以，不要太肤浅，要仔细深入观察，你才能找到能帮助你晋升的贵人。

2.答谢贵人

值得注意的是，别人帮助你获得提升之后，你应该“滴水之恩，涌泉相报”。这样就能良性互动，不断提升。

3.争取多位贵人的提拔

拥有多位贵人，才能获得更多提升的机会。因为每个贵人的资源都是很有限的，不要把鸡蛋全放在同一个篮子里。

总之，小人物要善于借助外力，借助贵人的力量帮助你实现目标，成就大业。

布局人脉圈子，增强个人气场

作为一个小人物，交际圈子的构建，不是一蹴而就的事情，需要一个慢慢积累的过程，如同一张渔网，有一个由点到线、由线到面的过程。构建圈子要有一个良好的布局意识，下面介绍一下圈子布局的五点原则。

1.博采众人之长

人际交往其实也是一个学习的过程，圈子里有各种各样的朋友，他们有着不同的个性，不同的人生阅历。如果你是一个开朗的人，不妨找几个内敛型的朋友；如果你性子急，不妨找几个慢性子的朋友，学习他们的沉稳；如果你做事粗枝大叶，不妨找几个细心的朋友，学习他们的有条理；如果你对社会科学了解很多，却对物理化学了解很少，你可以试着结交几个这方面的朋友；如果你数学很好，写作能力很差，不妨结交几个文笔好的朋友；如果你擅长唱歌、喜欢音乐，却对舞蹈一知半解，不妨找几个了解舞蹈的朋友……这也是知识网络架构、拓展人脉以及培养兴趣爱好方面的有效机制。

总之，选准对象，抓住时机，主动出击，用诚意去交朋友，博采众长，克己之短，这对打造人气、完善自我非常有利。

2.培养自己的“密友”

三国时代的刘备，一生广交朋友，但是他最亲密的朋友却只有张飞、关羽等为数不多的几个。这样的朋友和别的朋友不同，他们最能和你肝胆相照，无论你遇到了什么样的挫折，他们都能不离不弃。这样的朋友不是单纯地因为你有“利用价值”才跟你在一起，这样的朋友是朋友中的“珍品”。

因此，一生中一定要培养几个这样的朋友。

3.立体交叉的交往时机

所谓立体交叉，可从不同角度去理解，如从思想品德的角度来说，就是不仅与比自己德高性善的人交往，也要适当与比较后进的人交往；从性格的角度上说，就是不仅与性格意趣相近者交往，还要适当与性格迥异、意趣不同者交往；从专业知识的深广度来说，就是不只限于与同一文化层次、同一专业行业的人交往，还应发展与不同文化层次、不同专业行业的人交往；从家乡习俗的角度来说，就是不仅要与同乡人、国内的人交往，还应当发展与异乡人、外国人的交往。

4.结识忘年交

如果你是年轻人，不妨交几个中老年朋友；如果你是中老年人，不妨交几个年轻的朋友。

英国哲学家弗朗西斯·培根曾这样论述：“青年的性格如同一匹不羁的野马，藐视既往，目空一切，好走极端，勇于改革而不去估量实际的条件和可能性，结果常常因浮躁而改革不成。而老年人正好相反，他们思考多于行动，议论多于果断，为了事后不后悔，宁愿事前不冒险。所以，最好的办法是把两者的特点结合起来。”

这样，年轻人就可以从老年人身上学到自己正需要的坚定的志向、丰富的经验、深远的谋略和深沉的感情。老年人可以从年轻人身上获得自己所缺乏的蓬勃朝气、创新精神和纯真的思想。

5.男女互补，提高效率

我们常说异性相吸，结交异性朋友能达到互补效果。一般来说，男性较为大气，女性较为温婉、细腻；男性情感不及女性那么丰富，女性的心理承受力不及男性那么强；男性刚毅、坚强，女性温柔、含蓄。总而言之，男性和女性的性格、脾气、处事方式能够形成良好的互补关系。

现在早已不是男女授受不亲的时代，结交异性朋友是再平常不过的事情。只要你愿意敞开胸怀，与异性结为朋友，就有机会结交互补性的朋友。需要注意的是，与异性朋友交往，必须克服心理障碍，不要轻易把异性对你的“好”当作爱情，不要轻易跨越友情的界限，把友情发展为爱情(如果对方愿意，那是最好不过的)，否则不但成不了恋人，还容易失去朋友。因为对方可能会觉得你与她交往是想追求她，有非分之想，故而回避你。

与异性朋友交往时，要注意选择合适的地点、时间，如在私人场合只有两人，或在夜里，这样他人就容易造成误解。另外，还要尊重对方，不要言语粗俗、袒胸露乳，更不可以有失礼的举动，否则很容易断送友情。

天地之间，阴阳互补，刚柔相济，两性的力量结合在一起，可以使人气场的能量扩大到你意想不到的程度。男人和女人不但在心理上，在其内在的性情品质上，也有着许多可以互补的内容。在行为上，两性也各有特色。

因此，在你的圈子里，男女的组合是不可缺少的。它可以使你的生活充满生气和活力，使你在整个人际关系圈内焕发出吸引力和无限的能量。

把诚信作为提高气场的利器

谈及“诚信”二字，很多人把它和憨直、老实等词汇联系在一起，而很难想象它跟气场之间的关系。实际上，诚信往往是一个人品格的评判标准，给气场带来的都是正能量，能形成一个良性的循环来增加个人魅力。

生活中，我们总是能见到这样一类人，他们长得并不帅，也不善言辞，但却能把自身的“能量”传递给他人，让人愿意跟他们合作交往。这就是讲究诚信的结果。诚信之人，他们散发出来的气场，给人的第一感觉也许不如外表帅气潇洒的人快速、强大，但是它们持久，给人一种“日久见人心”的感觉，这种逐渐蓄积最终强烈爆发的能量往往更强大，更易赢得别人的信赖，也易和他人形成一个强大的气场。

格耶·安塞姆是赫赫有名的罗斯柴尔德家族财团的创始人。18世纪末，安塞姆住在法兰克福著名的犹太人街道时，他的同胞们常常遭到残酷迫害。他们过着一种低下和屈辱的生活，生命的尊严遭到践踏。这种情况下，一般人很难以诚信立身。但是，安塞姆坚定地打造着自己的诚信招牌。

格耶·安塞姆开始在一个不起眼的角落里建立起自己的事务所，并在上面悬挂了一个红盾。他将其称为罗斯柴尔德，在德语中的意思就是“红盾”。他就在这里干起了借贷的生意，迈出了创办巨型银行集团的第一步。

当兰德格里夫·威廉被拿破仑从他在赫斯卡塞尔地区的地产上赶走的时候，他还拥有500万的银币。威廉把这些银币交给了安塞姆，并没有指望还能把它们要回来，因为他相信侵略者们肯定会把这些银币没收的。但是，安塞姆非常聪明，他把钱埋在后花园里，等到敌人撤退以后，就以合适的利率把它们贷了出去。当威廉回来的时候，等待他的是令他喜出望外的好消息——安塞姆差遣他的大儿子把这笔钱连本带息还了回来，并且还附了一张借贷的明细账目表。

在罗斯柴尔德这个家族的世世代代中，没有一个家庭成员为家族诚信的名誉带来过一丝的污点，不管是在生活上还是在事业上。如今，据估算，仅“罗斯柴尔德”这个品牌的价值就高达4亿美元。

诚信是格耶·安塞姆致富的秘密武器。其实，不光在商业中，在生活中诚信也拥有很重大的作用。诚信是气场的核心基础，是一个人立足社会的金字招牌。在与他人交往中，如果一个人表里如一、真诚善良，周围的人就愿意与之进行正常的交往，好人缘自然而然地就建立起来了。相反，没有人会愿意和一个没有任何信誉、虚伪的人交往。一个不被信任的人，不论用承诺或是威胁，都很难产生气场。诚信是缩短心灵距离的最佳途径，唤起的是一种大家发自肺腑的参与感、共鸣感和荣誉感。讲究诚信，会吸引更多的人与你结识、合作，你成功的概率自然会大很多。

与人交往时，诚信是赢得他人信服的条件。爱耶伯劳曾说过：“信用仿佛是一条细线，一旦断了，想要再接起来，难上加难。所以，你要使用信用这笔人生存款时，千万不要透支。当你的信用值为负数时，你可能就变成了一个‘穷光蛋’。”

一个人能不能受到周围人的欢迎，诚信占有很大的比重。一个讲究诚信、恪守承诺的人，容易赢得别人的信服，受到别人的欢迎赞颂，所以，假如你还没有运用好诚信这一赋予气场极大力量的武器，那你应该在这方面多投资，做到“言必信，行必果”。什么事情，说到就要做到，否则就不要轻易许下承诺。

坦诚待人有助于提升气场

中国有句古话叫“逢人只说三分话，不可全抛一片心”，人们认为这种说话方式通常较为安全，更有甚者连这“三分话”也不说实情。其实，令人烦恼的关系往往就是一种彼此不讲真话的关系(当然不是出于爱心或保守机密而不讲真话的善意谎言)。这样的关系就像未加润滑油的齿轮似的“吱吱嘎嘎”地摩擦起来，使人与人之间的气场变得晦涩、冷漠。

不坦诚主要有两种情况：一是虚伪，二是拘谨。很多人说话心口不一、虚情假意，以为自己很精明，殊不知，长期生活在虚伪之中，他的气场自然变得幽暗，必然因此失去别人的信任。拘谨的缺点虽然不像虚伪的恶习那样令人厌烦，但也同样阻碍人际交流、心灵沟通。

坦诚直率是一种豁达的胸怀，一种开放的心态，一种自信的意识和良好自然状态的表现。真正的坦诚不仅要清除虚伪、矫情、嫉妒与猜疑的污垢，而且要涤荡虚荣心、怯懦、好面子等尘埃。坦诚直率的人所表现出的气场也是积极阳光的，会让他人感到清新舒畅。

一对年轻人经人介绍相亲，并约定在湖畔见面。姑娘一见到小伙子，便有些失望，因为小伙子1米7的个头，皮肤略黑而且穿着朴素。

姑娘不由得叹了口气，感觉身边凉风阵阵。她曾在心中无数次勾勒梦想中“白马王子”那高大英俊、潇洒文雅的形象，姑娘觉得自己相貌出众、多才多艺，然而眼前的男子实在配不上自己。

小伙子明显感觉到了姑娘的冷淡，但他并不尴尬，也不自卑，始终面带微笑，一开口便是温和的话语。渐渐地，姑娘发觉小伙子并不那么令人厌恶，反倒觉得他的其貌不扬给自己带来一种安全感。于是，两人的话也多了起来。

说着说着，姑娘突然问道：“你是第一次谈恋爱吗？”

小伙子回答说：“已经谈过一次，后来我被甩了。不过，我的脑海中还经常有她的影子。”

听到这话，姑娘感觉好像被人愚弄了一样，自尊心也受到了伤害，于是不辞而别。隔天，她收到小伙子托人捎来的一束花，中间夹着一封信：“你对我不满意，我能理解。我可以用谎言来欺骗你，可能会暂时得到你的心，但我认为，真诚的爱是容不得玷污的……”这坦诚真挚的话语如潺潺流水，滋润着姑娘的心，她被打动了。这场风波过后，彼此加深了理解，沟通了心灵，他们终于相恋了。

坦诚才能相知，如果小伙子不实话实说，绝口不提第一次恋爱的事情，又怎么能给人以真实可靠的印象呢？坦诚会暴露某种缺点，但也容易取得对方的理解。每个人不论是内向还是外向，都渴望了解别人和被人了解。只有坦诚相待，扩大开放区域，才能增进彼此间思想感情的交流，加深相互的理解，达到预期的交际目的。

美国社会心理学家约瑟夫·勒夫勒认为，人际交往的成败，是否能够有效沟通，主要取决于各自的自我袒露程度，也就是要看各自能否敞开心灵的窗户。在心理上，每个人都存在着自己了解、别人也可以了解的“开放区域”，同时也存在别人已经了解而自己尚未了解的“盲目区域”，还存在着从未向别人透露过的“秘密区域”以及自己与别人都不了解的“未知区域”。人与人之间要想进行有效的交往，就需要尽可能扩大自我的开放区域，而要缩小盲目、秘密和未知的三种区域。

扩大开放区域，乐于自我袒露，也是一种切实有效地表达和交流的艺术。人际交往是一个互动的过程，你对别人的开放程度有多大，别人也会有相应的开放程度。你想了解别人，最好先自我袒露，让别人感受到你的气场所反映出的真诚，这样就能得到良性的反馈和对方的好感。需要注意的是，坦诚也要有个限度，如果你丝毫不注意保护自己的隐私和别人的隐私，那么，一定没有人愿意与你交往。

正如哈佛大学的校训所说：“让你与柏拉图为友，与亚里士多德为友，更重要的是，与真理为友。”与真理为友，是哈佛人最明智之举，让真理成为人们心灵沟通的桥梁，扩大了彼此之间的开放区域，使我们彼此的交往更加坦诚。

心怀热情，为人脉气场加把劲

岁月流逝，一去不复返，可是如果我们的内心失去了热情，那就损伤了气场的灵魂。作为一个普通人、一个小人物，要想让自己达到人生的巅峰，我们必须拥有将梦想转化为现实的热情。每个人的气场都具有一定的特性，是冷是暖，就看你是否具有一颗热情的心。

一个心怀热情的人，不论他从事什么工作，都会认为自己的工作是神圣不可或缺的，而且会怀着浓厚的兴趣去完成它。当我们工作的时候，不论遇到什么困难，不论需要多少努力，都应该以不急不躁的态度进行。爱默生有这样一句话：“有史以来，没有任何一份伟大的事业不是因为热情而成功的。”

世界著名的发明家爱迪生也是一名很成功的企业老总，他在工作的过程中能用自己巨大的热情去感染员工。他本人十分崇尚实干，通常干起活儿来废寝忘食，他的员工们也和他一样，在很多时候都忘记了下班。

员工们工作这么卖力，并不单单是为了奖励。更为重要的是，大家对自己的工作都拿出了十足的热情，没有一个人感到自己是在为老板卖命。

爱迪生是公认的天才，可是他并没有把自己“供”起来，他亲自下车间，在阵阵乒乒乓乓的敲打声和刺耳的电锯声中开动自己那非凡的大脑。同时也让工人们参与到每一项创造发明过程中来，使每个人都得到展示自己的机会。

他们的干劲让企业发展充满了生机，同时，企业发展的良好形势又加倍激励着他们。爱迪生凭借自然流露出的对工作的热情征服了员工。

曾经有位名人说："随着我年龄的增长，我领悟到了热情是成功的秘诀。如果两个人各方面条件都差不多，那么饱含热情的人将更能得偿所愿。虽然一个人的能力可能不足，可是他要是热情对待自己的工作，通常会胜过能力高强但欠缺热情的人。"

热情并不只是表面的功夫，它源于我们的内心，来自我们的气场深处，通常情况下，你究竟是热情还是不热情，都能从你的行为上得到体现，这是隐瞒不住的。当跟他人握手时，我们要很热情地握住对方的手说"我很荣幸能认识你"或"我很高兴再见到你"。如若没有力气，畏畏缩缩，那会让人觉得"这家伙死气沉沉"。所以，我们应该每时每刻都让热情占据自己，消除抑郁和自卑。

人的内心世界经常会产生心理战，往往占据优势的心理会左右你的言行，甚至能影响你的一生。失去热情，就可能让你的心理变得自卑、消极，这些情绪可以蚕食你的生命，摧毁你的一生。

曾经有一个人总是以充满自卑和焦虑的心态面对生活，他几乎对自己的事业感到了绝望。在经过心理医生的指点之后，他开始尝试着热情地对待生活，终于让自己的事业有了进步。对于自己这一段大起大落的经历，他感慨良多，认为自己得到了一个深刻的教训。他体会到他应该打破自己，应该去做一件大事情，那就是改造自己，让自己重新对生活和对每一件与自己相关联的事情产生热情，热心地去做每件事，让热情伴随自己的生活。正是经过这样的不断训练，那些沮丧、烦恼被赶出了心灵，他重新得到了充实的生活。

作为一个小人物，在为人处世的时候，试着以热情的心去和他人进行交往吧！这会让他人觉得我们可信，同时也能让他人感受到我们对别人的尊重。于是，他人就乐意和我们交往，乐意和我们合作，从而为我们的人脉气场增添一份力量。

结识朋友，不如架构“圈子”

融入一个圈子不失为打造人气的捷径。但是“圈子”有时会像一个城堡，对外人不一定开放。外界渴望知道“圈子”里面的生活，所以更多人希望进入不同的“圈子”。

究竟谁是“圈子”的主人？“圈子”怎样运转？哪里是“圈子”的活动基地？“圈子”又给“圈里人”带来多少财富？这些都不重要，重要的是，你明白了圈子的重要性，并且愿意融入这个圈子。

多认识一些有圈子的朋友，朋友的圈子就能成为你的圈子，从朋友的圈子里你仍然可以再扩展出另一个圈子，一个圈子套着一个圈子，以这样的方式来打造人气，速度是惊人的。

在竞争激烈的今天，你掌握的“关系资源”越多，意味着你越能够完成许多艰难的任务。而越能够完成挑战性任务的人，越能在职场上立于不败之地。所以，为了打造好你的人气，除了多加入与工作相关的“圈子”，多结交有“圈子”的朋友之外，还要灵活运用自己的“圈子”。只要你用心思考，随时观察，不同的圈子都可以在我们的事业中发挥不同的作用。

有一年，英国心理学家乔治·菲尔德曼只身外出旅行。在一个公园中，他看到一位男士正坐在长椅上读着某位作家新出版的著作。刚想走过去，他发现这位男士看起来非常孤傲，这让他犹豫了一下。

这时乔治·菲尔德曼暗自为自己鼓劲，心想："那位作家同样是自己所钦佩的，也许，我和这位男士能够成为朋友。"于是，他走上前去决定试一下。乔治·菲尔德曼坐到男士的身旁，微笑地说道："嘿，这位作家的名作昨天刚刚出版，我跑了几家书店都没有买到，您是在哪里得到它的？真幸运！"

听到乔治·菲尔德曼的声音，那位男士抬起头看了他一眼，也礼貌地回答说："这位作家是我的朋友，出版后自然会送给我一本先饱眼福了。"

"是吗？这可真意外啊！您能够与这样一位优秀的作家成为朋友，相信您本身也一定是位文学爱好者了。我个人也十分喜爱他的著作，希望能够有机会与您探讨探讨。"

乔治·菲尔德曼的恭维让那位男士放松了不少，他微微一笑，说："他在写作风格上与我是大相径庭的，有时我们甚至会为某些书的细节问题争得面红耳赤。不过，这丝毫不会影响我们的友谊，我感觉在争论中我们都会学习到很多东西。"

乔治·菲尔德曼说："是的，是的，当你们再有这样学习的机会时，能否让我也成为其中的一员呢？我也有很多就职于出版界的朋友，相信他们都会很想获得这样的交流机会。"

两个人聊了很长时间，并且越来越投机，互相说着"相见恨晚"。从此，乔治·菲尔德曼不但认识了一个新朋友，还被这位朋友带进了一个新圈子。

所以，作为一个小人物，我们平时在管理自己“圈子”的同时，要积极扩展新圈子，形成“圈圈相连”的人气互联作用。为此，我们要注意以下几点。

1.重视“圈子”，才能让“圈子”重视你

“圈子”的价值，就是便于大家沟通与交流，为此，“圈子里”的人常常会组织一些活动，作为交流的平台。如果你总是不参加“圈子”里的活动，就表示你对“圈子”不重视，这样一来，“圈子”里的伙伴也会渐渐不能容纳你。而积极参加“圈子”里的活动，不仅能让大家认识你，而且还能让大家了解你的“最新”变化。当你的见解和见识得到大家一致称赞的时候，你的名字会被更多人牢记。

2.在“圈子”里传播个人品牌时，要有独特性

人都有这样一个特点，既希望在自己的行业中拥有丰富的人脉，也希望多认识几个“隔行”的朋友，从而开阔自己的眼界。所以，在圈子里“宣传自己”时，可以强调自己独有的、圈内人多半不曾掌握的东西。如果你是学心理学的，就可以在圈子中介绍心理学知识，也可以在心理学圈子中就“职业心理”和别人交流，这就能使你成为在不同圈子里都会受到重视的人物。

3.要做好为“圈子”服务的思想准备

想被“圈子”接纳，就要经常为“圈子”服务，并积极地告诉人们，你能为“圈子”做些什么，这样，你的名字才会被人们记住。我们并非提倡带着功利的目的进入“圈子”，而且，哪一个“圈子”也都不欢迎功利性太强的人。但水到渠成的时候，“圈子”的功能也就自然而然地体现出来了。

主动帮助对方，有助于赢得人脉

作为一名小人物，倘若我们在平日里乐于助人，处处为别人着想，你就会发现自己的善意是会得到回报的。同时，你的气场也会在你帮助别人的过程中逐渐壮大。

一位名人曾经说过这样一句话：天底下只有一个办法可以影响别人，那就是想到别人的需要，然后热情地帮助别人，满足他们的需要。

格林维尔接手了父亲的食品店。

一天晚上，正在收拾的格林维尔看到店铺外面站着一个年轻人，衣衫褴褛、面黄肌瘦。

格林维尔是个好心肠的人，他出去对那个年轻人说："小伙子，我有什么可以帮助你的吗？"年轻人有些腼腆地说道："请问，这里是格林维尔食品店吗？"在得到肯定答案后，小伙子继续说道："我是墨西哥人，想要在这边找份工作。可整整两个月过去了，我依然没有找到一份合适的工作。听我父亲说，他之前来美国的时候，曾在你的店里买过东西。哦，就是我头上的这顶帽子。"

那是一顶很破旧的帽子，上面沾满了污渍，但还是能模模糊糊看出上面的"V"型标志，这正是格林维尔店铺的标记。

小伙子继续吞吞吐吐地说道：“我现在分文没有，好久没有吃过一顿饱饭了。所以，我……”

格林维尔把小伙子请进店里，好好招待了一番，还给了他一笔返乡的费用。

没过多久，格林维尔便把这件事情忘记了。

十几年后，食品店在格林维尔的经营下，开了很多家分店，而且他还打算把生意拓展到海外。可是，他在海外一点人脉资源都没有，工作开展并不顺利。

就在此时，格林维尔收到了一封来自墨西哥的信，写信人是墨西哥一家大公司的总经理，想要邀请格林维尔去墨西哥发展事业。最后，在这个总经理的帮助下，格林维尔在墨西哥很快有了连锁店，生意异常红火。

而这个总经理就是格林维尔多年前帮助的那个年轻人。

我们都知道“利人者利己”这句古话，但在生活中有很多人在这方面的认识总是很欠缺，他们对事物之间的内在规律和联系总是看不清楚，所以不愿意去帮助别人，总觉得帮助别人对自己并没有什么好处。

当别人遇到困难的时候，那些漠不关心、有能力而不给予帮助的人，最终只会被社会孤立、被众人排挤。一个人要想让自己的气场更强大，那就一定要赢得周围人的尊重和认可。在我们帮助别人的同时，也让自己广阔的胸怀得到了体现。将心比心，我们的援助之手一定能得到他人的认可，赢得他人的尊重。因此，帮助别人就等于壮大我们自己的气场。

我们不要吝啬自己对他人的帮助，只要我们能用心帮助别人，那就是最大的赢家。这就验证了这样一句名言：“为了帮助别人，请先将你手中的蜡烛点燃，你要知道它在照亮别人的同时，最先被照亮的可是你自己！”

我们要学会帮助别人，学会把握帮助别人的机会，并且在帮助别人的过程中不要总想着自己失去了什么或让对方报答我们！因为我们的援助之手已经让我们收获了比金银财宝更珍贵的东西——气场。

展示真实的自我，用真情打动人心

在人际交往和社会生活中，究竟是什么原因导致很多人气场虚弱，被人忽视？大多数情况不是由于伪善和欺骗，而是被某些真诚信仰、习以为常的教条和观念所影响，无法真实表现自我。比如人们常有这样的想法：我绝不能暴露我的感受和欲望，我绝不能对别人表示不满和厌烦，我绝不能暴露我的缺点和笨拙，我绝不能表现得与众不同、引人注目……其实，正是这种想法束缚了自身的气场，对于人际交流与沟通也大为不利。我们来看这样一个例子：

四位女大学生同住一个宿舍，周末休息的时候，有三个女生结伴去公园游玩，没有邀请琳达。琳达回到宿舍，发现里面空无一人，而且整整一天都只有她一个人，孤零零的。她既伤心又气恼，想等室友们回来便质问她们为何孤立自己。可是当室友们回来后，琳达的本能反应却是假装不在乎，把所有不满都憋在心里，以免被人看出自己的软弱。

不过，琳达最终还是没能忍住，她不善于掩饰，从她诚肯的说话态度和埋怨的语气中，她们明显地看出了她的牢骚和怨怼。她们不仅没有笑话、轻视她，反而突然意识到自己的错误，纷纷向琳达表示歉意。于是，几个人之间的情谊又得到了升华。

如果琳达努力装作满不在乎，硬把不满憋在心里，又会怎么样呢？表面上看，一时间似乎平安无事，但实际上，她与几位室友之间的心理距离已经开始疏远。又或者琳达很可能在别的小事上挑她们的毛病“反击”她们，那么当室友们感觉到琳达的气场正逐渐变得阴暗时，便不再愿意与她交往。如此恶性循环下去，友谊将荡然无存。由此可见，不要怕表露真实的自我，只有让人了解你的真情实感，对方才会觉得跟你的心理距离接近了，而不是疏远了。

以色列著名小提琴演奏家帕尔曼虽然是个双腿残疾的人，但他始终充满活力，不失气场。他真诚坦率、热情奔放的形象感染了无数的人，他的精彩演奏每次都能深刻地印在观众的心中。但是，这位世界级的演奏家，也会因不顺心而发小脾气。

一次在去剧场的路上，因为交通堵塞，帕尔曼担心耽误了开演前的排练，于是心情变得焦躁。到剧场后，身边的工作人员见他双腿不便，主动上前搀扶，而他却坚决不让，甚至有点动怒。他总是在用行动告诉别人：我是个健全的人，我什么都能做。事实也是如此，他从 4 岁那年患上脊髓灰质炎后，两条腿便瘫痪了，但他咬着牙，克服种种困难，一直都与正常的孩子一起学习、成长，尽量不要别人照顾。

帕尔曼能表现真实的喜怒哀乐，正因为这样，他才是一个真实的人，一个令人无法忽视的人。我们也应该明白，在正常的情况下，作为一个普通人，能坦率地说出自己的感受，自己需要什么，并不是自私自利的表现。如果不能表现真实的自我，你就没有个性气场，别人也就渐渐忽略了你的存在。

第八章
变身幽默达人，提升个人气场与魅力

Chapter 8

一个人是否有影响力和感染力，在一定程度上取决于他是否具有幽默感。

幽默能帮助你创造愉快的气场

幽默是一种值得推崇的语言艺术，会使人产生遐思不尽的温馨，古今中外，不管哪一阶层的人，如果能适时地展露一点儿自己的幽默天赋，都会受到人们的喜爱。作为一个小人物，我们只要多研究与学习，一样也能成为一个受欢迎的人。

幽默大师卓别林曾经说过："幽默是智慧的最高表现，具有幽默感的人最富有个人魅力，他不仅能与别人愉快相处，更重要的是拥有一个快乐的人生。"不论在工作或日常生活中，一个懂得幽默的领导者，不仅可以调节工作的气氛，也可以化解许多人际冲突或尴尬的场面。

王主任中年秃顶。在一次年终酒会上，有一个小伙子在敬酒时不小心洒了一点啤酒在王主任头上，王主任望着惊慌的小伙子，用手拍了拍对方的肩膀说："小老弟，用啤酒治疗谢顶的方子我实验过很多次了，没有书上说的那么有效，不过我还是要谢谢你的提醒。"

全场顿时爆发出了笑声。人们紧绷的心弦松弛下来了，王主任也因他的大度和幽默而博得大家的赞许。

幽默是一种智慧的表现，懂得幽默的人，到处受欢迎。在工作中，我们时常可以看到，有的领导者做报告时饶有风趣，下属们都爱听；做思想工作时，语言生动，容易入耳入心，下属都乐于接受；平时和下属接触，大家觉得他可亲可爱，都愿意和他接近。这样的领导者，必然会赢得下属的尊重和爱戴，人际关系也会协调得好，在工作中会收到事半功倍的效果。如果说管理是科学严谨的事，那么，适当的幽默管理就是管理中最能体现幽默的调味品，它有利于更好地调动人们的积极性，增强团队的凝聚力，加强团队成员的亲密度，提高沟通的效率，缓解工作压力带来的紧张感。如果说严谨是管理的常态，那么，幽默就是严谨之外的润滑剂。

有一位年轻人新近当上了董事长，上任第一天，他便召集公司职员开会。他自我介绍说："我是杰利，是你们的董事长。"然后打趣道："我生来就是个领导人物，因为我是公司前董事长的儿子。"参加会议的人都笑了，他自己也笑了起来。他以幽默来证明他能以公正的态度看待自己的地位，并对之具有充满人情味的理解。实际上他委婉地表示了，正因为如此，我更要跟你们一起好好干，让你们改变对我的看法。

幽默可以显示出领导者高超的说话水平，恰到好处的幽默往往能取得意想不到的效果。领导者进行管理的目的是使他的下属能够准确、高效地完成工作。轻松的工作气氛有助于达到这种效果，而幽默则可以使工作氛围变得轻松。

在讲话中，适当增强语言的幽默性，不但会提高语言的艺术魅力，而且也会为领导者的风度增添异彩。人都喜欢与幽默的人一起相处，在富有幽默艺术的领导、主管周围，很容易聚集一批为他效力的人。

马歇尔担任英国航空公司的最高行政主管之时，有一次主持股东会议，与会者情绪非常激昂，会议中的紧张气氛随着大家对马歇尔的质问、批评和抱怨而升高。其中有一女股东不断质问部门在慈善事业方面的捐赠，她认为应该多些。

“部门在去年一年中，用于慈善方面的钱有多少？”她带着挑战性的语气问道。当马歇尔说出有几百万元时，她说：“我想我快要晕倒了。”

马歇尔面不改色地说：“真那样倒是好些。”

于是，随着会场中大多数股东的笑声——包括他的挑战者自己，紧张的气氛轻松了下来。

马歇尔将看起来似乎有些敌意的质问转变为幽默力量，化解了紧张的一刻，解除了大家焦虑的心情。他的幽默表达了重要的信息：“这个部门重视人性的需要。我们的确关心，并且分享彼此的关心。”

可见，善用幽默的领导者具有很强的领导魅力，更容易获得下属的认同与追随。很多成功领导者的实例都表明，通过幽默使自己的形象人性化是使下属与自己齐心合作的关键。运用幽默进行管理，这就是幽默管理，就是在管理工作的用人、沟通、激励，组织建设、文化建设等多个方面，恰当地运用幽默的力量，把幽默的人性与管理的严肃性有机结合起来，在恰当的场合与时机，用幽默缓解氛围，提出更容易被人接受的建议，增强领导者的亲和力，如此等等。

幽默不是开玩笑，要适度

在你使用幽默口才的时候，一定要把握分寸，重点是懂得察言观色、投其所好，而不要嘲讽别人，毫无节制地拿别人的缺点、弱点肆无忌惮地开玩笑，更不能因此伤人，有失礼貌。幽默唯有运用得恰到好处，才能真正发挥功效。

某出版公司里有一位女员工小刘，她新婚不久就开始发福，原来纤瘦的身材逐渐胖了起来，或许是因为婚姻有了归属、生活稳定、心情愉快的缘故吧。

有一天，一位同事的妻子来公司给丈夫送东西，与小刘相遇了，而小刘恰好与她是旧相识，大家聊了一会儿，同事的妻子突然对小刘说："哎呀，你怎么搞的呀，现在胖成这个样子，脸胖得都看不见眼睛了，再发展下去真的不堪设想啦！"在场的所有人都大笑起来。

小刘的脸顿时沉了下去，没说一句话，转身离开了，等笑她胖的人走了以后，小刘再也压不住心中的火气，破口大骂。同事送走妻子回来后，见此情景立即赔不是，场面搞得十分尴尬。后来，小刘再也没有与同事的妻子来往。

在生活中，幽默是必要的，但是幽默过了度，就会把调节气氛的幽默蒙上一层黑色。幽默过度的人，容易引起他人反感。

程盈盈是一家公司的外勤人员，是个聪明伶俐的女孩。她脑子灵活，言辞犀利，还有丰富的幽默细胞，无论到哪儿都是颗“开心果”。但如此可爱的程盈盈，却得不到老板的青睐！

程盈盈工作非常努力，有一次她加了一整夜的班，第二天一大清早赶到公司。满身疲惫的她被领导不分青红皂白地批评一通，说她工作不够仔细、状态差等，任她怎么解释都不行。程盈盈委屈极了，向比较谈得来的老员工请教。对方反问她说：“想想你平时有没有在言辞上对老板不敬啊？”

这么一问，程盈盈想起来了，自己平时就喜欢和同事开玩笑，平时，她看老板斯斯文文，对下属总是笑脸相迎，胆子一大，就开起了老板的玩笑。有一次，老板身穿笔挺的新西装来上班。其他人都是微笑着对老板说：“您今天真精神啊！”只有程盈盈夸张地大叫：“老板，您今天穿新衣服了！不过款式应该是去年流行过的呀！”如今回想起来，当时老板的脸色似乎非常难看。

还有一次，程盈盈带着刚刚谈好的客户与协议来找老板签字。客户看到老板龙飞凤舞的签名，禁不住连连夸奖：“您的签名可真气派！”程盈盈听了又是一阵玩笑话：“能不气派吗？我们老板可是偷偷练习了3个月了！何况这是他写得最多的文字。”此言一出，老板与客户都陷入了浓浓的尴尬中。

想到这些，一向快言快语的程盈盈再也高兴不起来了。原来这就是她虽然聪明能干，却无法受到重用的原因。

与人为善，是幽默的一个原则。幽默的谈话，是感情互相交流传递的过程，如果以幽默的借口出言不逊，那么除非是傻瓜才识不破。也许有些人不如你口齿伶俐，表面上你占到上风，但别人会认为你不尊重他人，从而不愿与你交往。

所以，幽默要适度，千万不能给他人造成伤害，损害了双方的关系，那才得不偿失。

从言谈举止上去培养幽默气场

许多人不懂幽默，也不会运用幽默。对于没有幽默细胞的人来说，他们的生活是非常单调的。怎样才能让自己像别人一样轻松表达幽默呢？一般来说，幽默有下面几种表现方法。

1.妙语双关，言此意彼巧调侃

双关可以分为两大类，即语义双关和谐音双关。

（1）语义双关。语义双关即利用词语的多义性，使之言在此而意在彼，如雪屏先生的《幽默对联》中所载的故事。

宋朝有个纨绔子弟，以“诗才”自居。他听说欧阳修吟诗作赋如行云流水，就想找欧阳修比试高低，于是携着几册唐诗就上路了。途中，他看见路旁有一株枇杷树，长得特别古怪。顿时诗兴大发，吟诵起来：“路旁一古树，两个大丫杈。”但吟完这两句就再也吐不出词了。

欧阳修正好路过这里，就给他续了两句：“未结黄金果，先开白玉花。”

“诗才”听了不由得点头称赞，于是二人结伴而行。路过河边，“诗才”又吟道：“远看一群鹅，一棒打下河。”吟罢两句，又没词了。

欧阳修笑了笑，续道：“白翼分清水，红掌踏绿波。”

“诗才”拱手道：“好，想不到你也会来两句，我们一起去拜访欧阳修吧！”

于是二人来到渡口，上了小舟，“诗才”又诗兴大发：“诗人同登舟，去访欧阳修。”

欧阳修哈哈大笑：“修已知道你，你却不知修。”

这个“修”字明说的是欧阳修，却含“羞”的意味，双关的幽默确实高明。

另有一个故事也是巧妙至极。

南宋的张俊贪财好利。有一次，宫中的优伶为皇上演戏，扮作一个善于看天象的术士。他说：“人世间的贵人，必定应合天象，如果用浑天仪来观看他们，就只能看到星星看不到人。现在没有浑天仪，可以用一枚铜钱代替。”

让他看皇上，他从钱孔一看，说：“这是帝星。”

看秦桧，说：“这是相星。”

看韩世忠，说：“这是将星。”

轮到看张俊，说：“看不见星。”

大家大吃一惊，叫他再看一遍，“术士”说：“到底还是看不见星，只见张王坐在钱眼儿里。”刹那间，逗得满座哄堂大笑。

宫中优伶所表演的节目意在讽刺张俊的贪财好利，节目的关键在最后一句，“只见张王坐在钱眼儿里”，这也是一语双关。

双关集明与暗、藏与露于一个词语之中，它蕴含着说话人的语言智慧。从信息接收方面看，听者需要借助语境去悟说话人的言外之意。当顺利地由词面意义转入词里意义时，便会由衷地产生解码成功的欣喜快慰之感。

（2）谐音双关。谐音双关即利用语音相同或相近的特点，使某一词语字面上在说此，用意上却指彼。

清代《笑林广记》第一卷有一则《田主见鸡》的笑话。

有一个富人，将家中好几亩多余的田租给张三种，每亩索要一只鸡。张三把鸡藏在背后，富人就沉吟着说："这田不租给张三种。"张三连忙将鸡献出，富人接着又说："不租给张三又租给谁？"

张三说："你先说不租给我，后又说租给我，这是为什么？"

富人说："当初是无稽（鸡）之谈，后来是见机（鸡）行事。"

无稽之谈的"稽"和见机行事的"机"与"鸡"都是同音字，在这特定的语言环境里做两种理解都可以。

梅贻琦做清华大学校长的时间很长，而清华大学从1911年开办时起换了十几任校长，有的只做了几个月，有的还没上任就被学生倒掉了。

有人问梅贻琦："怎么你做了这么多年？"梅贻琦笑道："大家倒这个，倒那个，就是没有人愿意倒霉（梅）吧！"梅贻琦对于别人问他怎么做了多年的清华大学校长，巧妙地利用了"倒霉"与"倒梅"这一语音上的相同之处，一语双关，避免了自我欣赏、自我褒奖，显示出谦逊和幽默的品格。

2.偷梁换柱，避实就虚生妙趣

偷梁换柱的幽默口才就是把概念的内涵做大幅度的转移、转换，使预期的目的偏离方向，从而产生意外的效果。偷换越是隐蔽，概念的内涵就越有差距，幽默的效果就越强烈。例如：

老师：“今天我们来教减法。比如说，你哥哥有五个苹果，你从他那儿拿走三个，结果怎样？”孩子：“结果嘛，结果他肯定会揍我一顿。”

孩子的回答把老师的话语概念巧妙地偷换了。老师所问的“结果怎样”，是还剩下多少苹果的意思，属于数量关系的范畴，可是孩子却把它转移到与哥哥的关系上。

又如：

甲：“你说踢足球和打冰球比较，哪个门难守？”

乙：“我说什么门也没有‘后门’难守。”

这是把球门这个具体的、有形的门，一下子转移到无形的、本质完全不同的抽象的门上去了。

在具体的语言环境中，人们并不需要像科学家那样对每一个重要概念都给以严密的定义，明确规定其含义和外部的范围。人们完全凭着互相的心领神会来进行交流，因而发问者并不需要详细说明自己所用的概念的真正所指，对方也完全能心有灵犀，一点即通。因此，发问者完全可以预期对方在自己的真正所指的范围内做出反应。

但是，幽默的回答却转移了概念的真正所指，突然打破了这种预期。预期失落也就产生了意外，而幽默感也就随之产生了。

3.别解词义，牵强附会显风趣

日本议会的成员中有一位相当著名的议员，绰号叫“独眼龙”。此人很爱讲话，每次开会都滔滔不绝地说个没完，别人插不上话，只有听的份儿。

一次，有个议员实在受不了了，便举手说：“世界如此复杂，我们两只眼都看不清楚，何况你只有一只眼睛！”

谁知这位“独眼龙”老兄不愠不火地回答说：“你先请坐下，听我说明，尽管国际形势变幻莫测，本人却可以一目了然！”

“一目了然”本来是指“一眼就能看清楚”，但在这里的意思却变成了“一只眼睛就可以看得清清楚楚”。这位议员运用别解，幽默风趣地化解了别人的嘲弄。

某人刚三十岁，就已经开始谢顶，但他不以为然，摸着自己“空前绝后”的脑袋，对妻子说：“我这就叫聪明绝顶。”

妻子不以为然地反驳道：“照你这么说，凡是剃了光头的都是聪明人喽？”

“那不是，那是自作聪明。”

“绝顶”本来是“极端，非常，到了顶点”的意思，但在这里却是“头顶没有头发”的意思，“聪明绝顶”仿佛还有因果联系，因为聪明，所以就头顶上没头发了。

根据别解特点的不同，可以把它分为附会式别解和返原式别解两类。

（1）附会式别解。附会式别解就是将一个词语的意思牵强附会地别解为另一个意思，如复旦大学中文系的吴礼权博士曾经说过如下的例子：

台湾的出国留学热比大陆更早，按所到国家而论以美国为最。这样两地分居现象也就较为普遍。人们戏称妻子在美国留学的为“内在美”，丈夫在美国留学的为“外在美”。

“内在美”本来是指人的心灵美，这里是指“内人(古代男子称自己的妻子为‘内人’)在美国”。“外在美”本来指“外表美”，这里指“丈夫在美国”。中国向来有“男主外，女主内”之说，这个“外”自然别解为丈夫。

英国文学评论家爱迪生在《论洛克的巧智的定义》中说：“凡是新的不平常的东西，都能在想象中引起一种乐趣，因为这种东西使心灵感到一种愉快的惊奇，满足它的好奇心，使它得到它原来不曾有过的一种观念。”别解这种修辞手法，顺应了人们追求新的刺激、新的满足的心理需要。它将人们习以为常的词语用到它本来不能用的上下文中，使其意义发生变化，激活听者、读者的好奇心，从而重新进行解码，从形同义异的领悟中获得开怀一笑。

（2）返原式别解。返原式别解就是将词语的整体意义别解为它的字面意义的简单相加，使它返回到词语原意上。

影星伊丽莎白·泰勒曾经应邀到台湾访问。因应酬繁忙以致腰酸背痛，于是请来了一位盲人按摩女为她按摩。

事后那个按摩女高兴地逢人便说：“我从小喜欢泰勒，今天不仅接近了她，而且还亲手摸了她！”

一位听众慨然发笑道：“这真是应验了中国一句成语，叫作‘盲目崇拜’！”

“盲目崇拜”本意是“认识不清，糊里糊涂地尊敬佩服”，但这段文字中的意思却变成了“盲人的崇拜”。“盲目”由引申意别解成字面意。

有人问：“现代人爱打电话，不爱提笔写信，这现象该叫什么？”

答曰：“言而无信。”

“言而无信”本来的意思是指人说话不守信用，这里是指只口头上打电话而没有信件往来。

以上这些方法都是常用的培养幽默气场的基本途径，我们每个人都可以从中受益。

幽默也能勾起客户的兴趣

幽默的重要性不言而喻，幽默的首要目的就是让对方笑起来。这是气场的调动，也是有效产生互动的良方。其作用很广，不仅适用于社交，也适用于职场营销。

陈景弈是一名普通的销售员，他是一个幽默风趣的人。他常常用自己的幽默把客户逗笑，很多成功的交易都是在一个轻松愉快的谈话中完成的。

有一天，陈景弈去拜访一位客户。“您好，我是H公司的销售人员陈景弈。”他边说边双手呈上了自己的名片。客户接过名片，很不屑地看了他一眼，对陈景弈说：“昨天，也来过一个销售人员，同样的方式，同样的开场白，不过我没有等到他把话讲完，就打发他走了。同样，我对你们的产品也不感兴趣，我也不想浪费你的时间，你还是走吧！”

“真谢谢您为我着想，恰恰相反，我的时间实在是太充裕了，一点儿也不浪费，但我还是有个不情之请，希望您允许我占用您5分钟的时间让我向您介绍一下我们的产品，因为我觉得这件产品是非常适合您的，如果不向您介绍一下，我觉得这会是一件很遗憾的事情。我保证，如果您听完后还是不满意，我当场在地上打个滚，要不翻个跟斗也行。无论如何，请您给我一点点时间吧！”陈景弈一本正经地说。

客户听了忍不住笑了起来，说：“你真的要翻跟斗吗？”

“没错，就当着大家的面表演，就这样躺下去……”陈景弈一边回答，一边用手比画着。

“好，我非要你当众打滚儿不可。”客户乐了。

“行啊，我也害怕当众出丑啊，看来，我还必须得向您用心介绍不可了。”

说到这里，陈景弈和客户对视一眼，开怀大笑起来。

在销售活动中，要想尽办法让拒绝你的客户笑起来，当开怀大笑时，人与人之间的陌生感才会随之消失。有了良好的氛围，有了继续沟通的必要，成交的机会也就来临了。

在平时，头脑中一定要多些“幽默细胞”，只有懂得如何恰当地使用幽默来调节气氛，才能使得与客户见面时的紧张局面转化为和谐局面。客户的戒备心理一旦打破，便会认为你是一个容易相处的人，并且觉得和你相处是一件非常愉快的事情。这样，你的这次销售肯定是胜利在望了。

然而有时，不是想幽默就能幽默的。幽默是一种智慧的表现，它也要建立在知识丰富的基础之上。机会总是留给有准备的人，一个人只有具备广博的知识，开阔的视野，然后巧妙地加以应用，才能做到谈资丰富，妙趣横生。因此，培养幽默感必须要有广泛的涉猎，在生活、学习、情感及工作中永远保持一份探索的精神，用敏锐的目光和创造性的思维为“幽默感”提炼最精彩的素材，充实自我，用于实践。

幽默能巧妙地催化爱情

幽默感可以洋溢于日常生活的每一个空间，特别是在恋爱、婚姻、家庭这个领域里。

男女相悦，从相识开始，在选择对象这一问题上，不同价值取向使不同的人展示了各自的手段和才华。下面我们看一下两个案例。

一位老师同女朋友在公园里散步。女朋友问他：“我满脸雀斑，你真的不在意？”

这位老师是数学家，他笑着回答：“绝对不！我生来就爱跟小数点打交道。”

一个专门创作惊险侦探小说的女作家竟会爱上枯燥乏味的考古学家，人们都大惑不解。当事者却另有高论：“我再也不用担心衰老了。因为在考古学家眼里，越老越可爱。”

生命是一朵花，爱情是花的蜜，而幽默则是采花酿蜜的蜜蜂。爱是男女之间的感情交汇。男人和女人是这个世界上最奇妙的存在。有作家说：“男人是太阳，女人是月亮，太阳和月亮昼夜轮回，就组成了一个黑白交替、阴阳交织的美丽世界。”

在这个世界里，幽默始终扮演着一个守护神的角色。在危急时刻，它给人提供安全感；在悲剧时刻，它会引导其向喜剧方向发展。

在现实生活中，幽默感是无处不在的。作为普通生活的一部分，爱情生活也需要幽默感，幽默感能使双方气场相融合，气场融合，感情则有增进。过分的激情或过度的严肃都是错误的，两者都不能持久。

对于一对恋人来说，双方的默契和幽默感具有一种特殊的作用：它能使双方在片刻之中发现许多共同美好的事物——从前的、现在的、将来的，从而使时间和空间暂时消失，只留下美好的、欢快的感觉。

如果爱没有幽默和笑，那爱又有什么意义可言呢？甚至，爱就是从幽默开始的。幽默的求爱、求婚方式似乎更有魅力，更富于使人心动的浪漫情趣。

富兰克林在巴黎居住时，向他的邻居——一位迷人而有教养的富孀艾尔维斯太太求婚。富兰克林在情书中说，他见到了自己的太太和艾尔维斯太太的亡夫在阴间结了婚。接下来，他继续写道："我们来替自己报仇雪恨吧！"

这封情书被誉为文学杰作、幽默精品。

有一位男青年在给女友的信中说："昨夜，我梦见自己向你求婚了，你怎么看呢？"他的女友巧妙地回答："这只能表明你睡眠时比醒着时更有感情。"

写情书，特别是第一封情书，不论你的感情沸腾到什么程度，最好不要直来直去地说“我爱你”。这是拙劣的表示，即使不会引起对方的厌恶，至少也会被认为缺乏修养。

有位女孩说，她的男朋友给她的一封信中，只写了短短几句话：“我中箭了，是丘比特的金箭，祈求你同样中箭，不是铜箭，而是金箭。”

神话中被爱神丘比特的金箭同时射中的一对男女便能缔结良缘。如果一方中了金箭，另一方中了铜箭，那中金箭的一方便只能“单相思”。小伙子正是巧妙地运用了神话，给了女孩很好的“第一印象”。

幽默使家庭更温馨、更幸福

不少人的观念中存在这样一个误区：幽默是对外的，是社交场合不可缺少的因素，至于自己人，特别是在家里，一本正经就够了。其实，现代的家庭就是一个小社会，自己人之间也需要包括幽默在内的各种调味剂；不然，家庭的活力就会衰减。

很明显，幽默可以使家庭生活更加幸福。中国传统观念提倡夫妻相敬如宾、客客气气。仔细想来，这只是家庭生活的一个方面，如果把它当成家庭生活的全部，这样的生活也就味同嚼蜡，太没生气了。

一天，一个男子实在忍受不了妻子的一本正经、不苟言笑，于是逃出家门，投宿旅店。服务员为他开了房间，并说：“我们这里服务周到，会有一种家的感觉。”

他一听，大声喊道：“天哪，快给我换个房间吧！”

这个男子实实在在地说出了许多已婚男人的心里话。其实，家庭应该是温馨的港湾，夫妻之间的交流应该是轻松愉快、推心置腹的。家庭中的幽默不可忽视。爱使得家庭生活变得可爱，幽默使得我们能充分享受家庭之爱带来的幸福。幽默的力量能帮助我们在爱与幸福之间搭建一座桥梁。试着换一种状态去生活，家庭也可以变成培植幽默的沃土。

幽默还是夫妻关系的滑润剂。聪明的人总是不放弃任何一个逗趣的机会，因为在恰当时刻，它能调节家庭的气氛。两性笑话就常常把夫妻关系中不愉快或不可能的一面，借着艺术的夸张调和起来。

一对男女朋友，他们的关系已经发展到亲密无间的程度，沟通也很畅快，很谈得来。于是，经过慎重考虑他们结了婚。

随着时间的推移，他们之间的争吵也变得越来越频繁。一次吵架过后，当他对她说出："如果当年你真爱我，就应该嫁给别人。"她还是禁不住为丈夫的幽默笑了。

作为一个妻子，你应懂得欣赏丈夫的幽默感和乐观精神。在许多时候，幽默的言谈也能使你增强对婚姻和家庭的信心。下面的妙语或许我们听说过：

"我最辉煌的成就，是我竟能说服我的妻子嫁给我。"温斯顿·丘吉尔说。

"婚前要张大眼睛，婚后半闭就可以了。"富兰克林说。

其实，在婚姻和家庭生活中分享乐趣，不仅能防止龃龉，还能使生活之轮平稳地向前滑动。作为家庭成员之一，你有责任时常幽默一下，说些使人觉得轻松、有趣的言语，来逗家人轻松一笑，就像你和朋友或同事在一起时一样。例如：

丈夫（与妻子吵架后）说："你说的话像个白痴！"

妻子说："是吗？那我们就有共同语言了。"

再如：

妻子说："婚前你不是叫我天使吗？"

丈夫说："对。"

妻子气愤地说："那为什么现在你不这样叫我了呢？"

丈夫笑着说："嘿嘿，亲爱的，你应该为此感到高兴才对，现在我头脑正常多了。"

一般认为，家庭关系的症结在于家庭成员之间是否互相关心、了解和领悟对方的意思，这些比起美丽的外表、彼此间的好奇及愉快的性体验要重要得多。因此，聪明人大多能正视双方的不同，以相互开玩笑的方式来表达爱和关怀，他们以幽默的方式对待彼此的不同。

一个好吃的丈夫批评妻子的菜做得不好。

妻子就对他说："你不妨多看看食品广告，那些广告看起来都是香喷喷的。"

妻子以幽默的话语传达了对丈夫的爱，含蓄地表达了这样一个意思：那些你认为好的东西都离你很远，只有我在你身边陪着你，给你做饭吃，这才是实在的。

丈夫骂妻子性子太急。

妻子说："所以我现在才会为那么早就结婚感到遗憾呀，迟一点的话，我想我会找到一个不会骂我的！”

相信妻子幽默的回答一定能够点醒丈夫，她需要的是丈夫的疼爱，而不是没完没了的教训。

有小孩子的家庭，生活中的乐趣总是更多一些。小孩子似乎很小就学会了用幽默来沟通，学会了轻松地面对自己。

“你妈妈有没有告诉你有关她的什么情况？”

“哦，她说她的情况绝对保密。可笑的是她除了一天比一天胖以外，什么情况也没有。”

小孩子往往冒出一些使人吃惊的新观点，或纯真的智慧之光，令我们自叹弗如。

儿子在学期的最后一天喊叫着进了家门：“爸爸，这是我的成绩单。”

“是不是都及格了？”

“和您一样，爸爸，”儿子自信地道，“老师说我要再重读一年。”

几乎所有的家庭不快、摩擦都可能在幽默的言谈中倏然消失，就像下面的幽默对话一样圆满无比：

妻子：“昨晚我做了一个美梦。梦见你答应给我五百块钱买衣服。

你会成全我的美梦吧？”

丈夫：“那当然。说来真巧，昨晚我梦见自己把五百块钱给你啦！”

夫妻无疑是家庭的核心，夫妻和谐是家庭幸福美满的基础。父母与子女之间也不应是板着面孔的严肃与恭敬孝顺相对应。幽默与相敬如宾并不绝对矛盾，情意绵绵中的幽默更是不可或缺，至于缓解别扭、消除误会，更是幽默的特异功能。

幽默是家庭生活中的必备品，没有幽默的家庭往往缺少欢声笑语。作为家庭的一个成员，我们有责任变得幽默，让家庭生活变得更轻松，更有意义，让我们的亲人因为感受到我们的爱和关怀而更加幸福。适宜的幽默，会使家庭运行得越发顺利，让家中充满欢声笑语。

Chapter 9

第九章
修炼气场，提升个人影响力

作为小人物，想要在自己的人脉圈子里具有影响力，就要一步步打好基础，这个基础就是你迷人的气场。

重视气场的日常修炼

作为一个小人物，每一天，你的气场都在受着各种各样的影响和冲击，你要意识到这一点，并在日常生活中设法保护自己不被打扰。如果你始终无法意识到外界对你有多大的影响，那么你的气场就一定会很虚弱。这种虚弱也许会表现为身体的不健康，也许会表现为情绪的不稳定和精神的不平衡。

比如，是不是有人让你觉得自己差劲？你有没有在他人的影响下买了不该买的东西？是否和别人没谈完话，你就感到筋疲力尽？其实这都是他人的气场扰乱你的表现。想要保护自我的气场不受干扰，就需要在日常生活中将自身的气场修炼得足够强大。你的情绪状况、思想是否积极都是影响气场的主要因素。如果你消沉，能量就会减弱，就会渐渐对你的身心健康造成伤害。

那么，生活中，我们该怎样去修炼气场？都有哪些方法能让我们保持积极的气场态势？哈佛心理学教授推荐了下面几个方法，这对于我们每一个小人物都适用，相信我们坚持一段时间后，自身的气场强度一定会有所提升。

（1）练腰腹。让自己的小腹肌肉向内向上运动，重复数次，并将它保持在那里，同时扭动腰以下的部位，每天10次；仰卧起坐，可随时练习。

（2）深呼吸。深深地吸一口气，停一下，然后再慢慢地将其吐出去，重复数次。每天 1 ~ 3 次，如果精神状态比较紧张则重复 3 ~ 6 次。

（3）强化渴望。对自己说：“我想要，我渴望……”每次 10 秒，每天 3 次，持续 21 天，巩固 69 天。这样对愿望的实现会起到很大的促进作用。

（4）洗刷心灵。认真地审视自己的心灵，不管是积极的还是消极的感受，都将它们记录下来，然后，开始在生活中避免每一个负面的特征，每消除一个就在这个特征前面画一个减号。每天浏览这个清单，告诉自己：“我要……”和“我不要……”

（5）多晒太阳，多做运动。新鲜的空气能激发气场，少食多餐可以均衡气场，适当的锻炼和冥想能让你的气场更纯净，更具有活跃性。

（6）听古典音乐。比如《格里高利圣咏》对气场就有很好的清洁作用。你可以多听听古典音乐，类似贝多芬的《田园交响曲》等。

（7）香气可以唤醒你的气场。香熏是一种非常好的方式。香熏散发的香气对情绪和精神有很强的影响力。比如乳香可以净化气场，栀子花也有很强的效力，让你始终保持理性。

（8）对着镜子自我明示。站在镜子的面前，积极而坚定地望着镜子中的自己，告诉自己：“我很强大。”感受说这句话时你的心理状态，并观察面部表情以及嘴角的纹路，眼睛的光亮，语言的气势，感受它们并且记住它们。

（9）保持高气场呼吸的原则。首先你要清楚自己气场最佳时的呼吸节奏，一定要精确。然后记住这个节奏，感受它带给你的身心变化，直到这个节奏成为你的习惯。

日常生活中的自我修炼，主要体现在对身心健康的关注。假如你的身心健康，气场自然而然就会变得强大。如果身心某些地方有恙，就要学会调整自我，加强日常的修炼，在一言一行、一举一动中纠正自我，让自己变得强大起来。

提升实力和自我气场底蕴

实力和底蕴决定一个人的气场。没有实力和底蕴，就像没有根的树，外在枝叶表现得再茂盛，很快也会枯萎。气场是内在修养、外在行为、待人接物以及人品性格等的综合表现。我们要知道，一切外在改善只是装腔作势，而内在的实力和底蕴才是气场的根基。

在不断提升自己底蕴的时候，不要陷入气场修正的怪圈。如果为了提高气场而刻意模仿，就会面临失去自我的危险，而这是最可怕的。一个失去自我的人，是无论如何都没有气场的。这个时候，我们要想明白，打造自己的气场，到底是为了什么。让自己拥有更好的生活？拥有更多成功的机会？还是为了拥有更多的朋友帮衬……所以，想明白自己到底要的是什么，才能更明确从哪方面去提升自己。

如果你想要提高自己的气场，可从下面这几个方面来修炼自己——

1.塑造你的关键性格

一个人的关键性格是这个人的个性标签。每当看到这个人，大家就会有一个最突出、最明显的印象，而且是个好印象。比如，如果你是急性子，别人评价你不仅仅是急性子，还有急性子背后的果断和执行的爆发力；如果你是慢性子，那么，别人评价你不是磨叽，而是细致、思虑周全。所以，根据你的个性，打造你关键的好性格。

2.读书与思考

一个人不懂得思考，就等于失去了灵魂。只依靠别人的思维生活，就算经历再多，最终还是一块被改写的黑板。如果你懂得思考，就等于拥有了储蓄库，越积累，内涵就越丰富。当然，可能你的经历会很少，那么，阅读会弥补你经历不足的缺陷，因为阅读是间接经历人生的一种手段。

3.培养一项拿得出去的本事

不管你的性格什么样，穿着如何，有一样不可缺失，那就是你要有一项拿得出去的本事，而且这个本事能为你换来金钱。你拥有一项专业技能，并且能够在这个专业上超越很多人，那么你就有了底气。气场从来不是“华而不实”的空洞词汇，相反，它是你内在实力的真实呈现。记住，实力永远都是别人重视你的关键要素！

4.寻找一种提升气场的环境

气场不是一两个月就可以培养成的，而是需要一两年或者更长的时间改善。一个大学毕业后在家当家庭主妇的女人，和一个大学毕业后走入职场的女人有很大的不同。这种转变不是一天造成的，而是潜移默化形成的。所以，想要成为什么样的人，就去寻找一种什么样的环境。或者寻找你想要成为的人，与他做朋友。

5.注重你的形象

现代的生活节奏太快，形象往往是一个人气场表达的第一关。所以，如果你的形象不好，那么你就会被别人冷落和忽视，常常被人遗忘在角落。当然，不管你以什么形象示人，首要的形象都是——整洁、大方、不做作、不夸张。

让有形的气势变为隐形的气场

一些研究人员曾经针对情绪控制进行过探讨，并得出这样的结论：强者会任由行为控制情绪，弱者则会任由情绪控制行为。这一结论同样可适用于解释气场与气势的关系。情绪的产生源自个人对于外部事物的认识、理解与评价，当然，它与一个人的性格也有着一定的关系。但最终个人的情绪控制能力决定了不同的人面对同一件事情时各自不同的反应，强者往往可以用内在的气场缓和情绪，弱者却总是会用外在的气势发泄情绪。

气势是一个看起来很有威力的词，气势有时候会让人在短时间内赢得最多的眼球，但是却未必能给你带来实际价值。甚至可以这样说，气势只能吓唬人，它决定不了任何事情。如果你不信，可以回顾一下自己的生活，在你与人沟通或者参与社交活动的时候，真正能够展示自我魅力的是进退有度的气场，还是色厉内荏的气势。下面就是一个小人物的成名前的一段经历。

一个青年人带着成为音乐家的梦想，漂洋过海来到了法国巴黎，他报考了著名的巴黎音乐学院，但是，尽管他在考试的时候竭尽全力发挥，主考官还是没能看中他。身无分文的他来到街上，开始拉起手中的小提琴维持生活。

他拉了一曲又一曲，吸引了很多人驻足聆听。由于饥饿难耐，他将琴盒打开，围观的人便将钱纷纷放入琴盒。这个时候人群中有一个无赖，很鄙夷地把钱扔到了青年人的脚下。青年看了看这个无赖，弯下腰拾起地上的钱递给无赖："先生，您的钱掉在了地上。"

无赖接过青年递过来的钱重新扔到地上，傲慢地说："这钱是你的了，你必须收下它。"这个时候，青年深深地鞠了一躬说："先生，谢谢您的资助。刚才您不小心掉了自己的钱，我给您捡起来了，现在我的钱掉在了地上，麻烦您帮我捡一下。"

青年的行为震撼了无赖，他捡起自己扔在地上的钱，并把它放入青年的琴盒，灰溜溜地离开了。人群里有一双眼睛一直都在关注，他就是刚才的主考官，他将这个青年带回了学院，录取了他。这个青年就是挪威颇有名气的音乐家比尔·萨丁。

青年遭受到侮辱时，没有大声斥责，反而温文尔雅，用气场镇住了无赖，也赢得了主考官的欣赏，进入了自己梦寐以求的音乐学院。试想一下，如果他当时没有压住怒火，而是爆发出自己的怒火，也跟无赖一般霸道地吵起来，那么，他将永远与自己的梦想无缘。

气势只是外强中干的纸老虎，在人际关系中，真正能够让别人佩服的是自信淡定的气场，让你融入大家靠的是积极阳光的气场。事实上，有气场才会有气势，气场能够迸发出一种特殊的气势。它让你心中坦荡，充满自信，底气十足。相反，如果你心存芥蒂，自卑厌世，底气不足的话，就算你声音再高，气势再强悍，也不会镇得住他人，而只会让他人远离你。

回忆一下，气场强大的人，他们的眼神都是那么的淡定自若，从他们的眼睛里，你能看到胸有成竹的内在霸气，这比你抡着拳头喊口号要强一万倍。遇到这样的人，你会希望与他多接触和交流，似乎他的身体里有一种力量吸引着你靠过去。

每一个人都有自己的气场，每一个人也会用很多方式证明自己的气势。气场由内而外散发出来，让他人向你靠近；气势仅仅停留在外表，瞬间就会消失，而且会让人反感。把你的气势转化为气场，让它由外在变为内在。从现在做起，充分发挥自身优势，就可以为你的人脉战略积累一个良好的自我形象。

当然，不是每一个人都能拥有梦露那种倾倒众生的气场，想要真的具备内在的气场，我们需要培养一种与自身形象最般配的气质。在修正自己的气场时，有一个基本不变的特质需要保证，那就是自信。不管什么样的气场，都需要自信做铺垫。在自信淡定的基础上，再根据个人不同的情况，展示自我独特的魅力。充分了解自己的身心状况，让一切行为举止都符合这种实际。自信地微笑着面对他人，如此，你的气场，也就是内在气势会为你带来众多优质的人脉。

很多人会将气势与气场混淆，一般意义上的气势本质上是一种排斥力，是让周遭的人远离你的一种东西，而气场则是一种吸引力，能够让人们贴近你。气场会自然而然让你流露出气势，这才是真正的气势，而一般意义上的气势则会打压你积极的气场。

充分发挥自身的气场能量

气场看不见，摸不着，但是可以让人感知，它也可表现为一个人的威信和号召力。权威是气场的最高表现形式，达到个人崇拜的程度就可以称得上顶级气场了。那么我们在日常交际中，该如何发挥自己的气场能量，让自己成为一个具有吸引力和感召力的人呢？哈佛心理学教授给出以下建议：

1.保持最佳的出场状态

一个善于交际的人在重要场合总是可以将自己的状态调整到最佳；一名优秀的运动员，在正式比赛前，把自己调整到最佳状态，才有可能获得好成绩。不管是出席会议，还是参加普通的商务会谈、酒会等交际活动，我们都要将自己认真收拾一番，穿一身合适的衣服，以最恰当的形象出现。同时，将心态调整好，要符合即将参与的活动基调，这都是必须提前做好的功课。

2.从内心注重你的可信度

某种意义上，可信度是气场的核心。一个不被信任的人，不管怎样调整自我，都很难产生良性的气场。比如我们听了很多遍的“烽火戏诸侯”的故事，即便身为皇帝，失去了别人的信任，也会一败涂地。要建立可信度，首先要信守承诺，答应别人的事情，尽可能要做到，如果真的无法完成，也要给出充分的理由。其次，在行为上约束自己，了解自己的缺陷，并在交际的过程中，尽量避免。最后，对交际的对象有一个深入的了解。只有这样，大家才能敞开心扉，真正做到有效沟通。

3.懂得问候所有人，哪怕他只是角落里的一个小人物

对你真正有帮助的贵人不一定在最闪亮的地方，也许他只是角落里一个不起眼的人物。所以，我们一定要时刻记住，不管在什么样的场合，都不要忽视任何一个人，要关注到每一个人，与他进行互动，你可能会得到意想不到的收获。向陌生人做自我介绍的时候，要展示出你的亲和力，让他们感受到你是自己人，如此才能让他们放下心中的戒备。

4.具备分享精神

分享精神主宰着我们人际关系以及事业发展的成败。不管是什么样的机会，懂得分享的人，往往会得到更多。因为他此时的气场是开放的明亮色，人们都愿意和他在一起，愿意与他分享机会。一个只关注自己，对外界没有丝毫热情的人，即使有再好的机会，也会与他擦肩而过。

发挥自己气场的能量，在生活中处处可以体现，美国第一心理励志大师菲尔博士有一些在人际交往中提升气场的方法，可以参照一下。

（1）相貌、装扮不要令人生厌。如果长得不好看，就让自己有才气，如果没有才气，就保持微笑。

（2）气质很关键。没有气质，就学会淳朴。

（3）与人握手，内心要真诚。

（4）不一定每次都用“我”做主语。

（5）不要逼着客人看你的家庭相册，别人不一定关注你的私生活。

（6）坚持在背后说人好话。

（7）有人在你面前讲别人坏话，你要笑而不语。

（8）不要总是向他人说起自己过去的事情。

（9）尊敬那些不喜欢你的人。

（10）对事不对人，做人第一，做事第二。

（11）不要吝惜你的赞美声，多赞美他人。

（12）懂得感恩，不要把别人对你的帮助看作理所当然的事情。

（13）自尊，但不要自恋；自信，但不要自大。

（14）不要厌恶别人指出你的缺点，这意味着你有了一个反思的机会。

（15）任何时候，都不要斤斤计较。学会大方，才会有人缘。

（16）正确面对失败，就算永远失去了一个机会，但并不是永远没有了机会，相信未来总是充满希望。

发挥自身的气场能量，本质就是让你在人际关系中，充满自信地做事，用真诚善意的行为去影响周遭的人。同时，不要局限在自我的小世界中，而应该走向广阔的人群，去释放自己。如此，你才能在人群中熠熠生辉，让自己的气场逐渐变得强大而温和。

让你的智慧为气场加分

智慧在很大程度上决定了我们气场的大小和强弱。同时，智慧也是我们取得成功和提升气场的动力源泉。倘若一个人才华横溢，可是欠缺智慧，那么就算他上通天文、下知地理，对他的气场恐怕也没有帮助。

古时候有一位国王，虽然他拥有至高无上的权力和威信，可是他是一位残疾人，因为他的一条腿在战争中失去了。但是，他依然觉得自己雄姿英发。为了能让自己被后人瞻仰，有一天，他下令在全国范围内请最好的画家给他画一幅像。

经过了层层筛选，最终有3位画技最高的人脱颖而出。

在接下来的考核中，第一位画家给国王的画像很逼真，简直都能和真人媲美。但是，国王看了之后火冒三丈，他厉声说道："我就是这个样子吗？这幅画像完全和残疾人没什么两样，还怎么让后人看！"说完就把这位画家关进了大牢。

第二位画家吸取了第一位画家的教训，他不敢据实作画，于是就把国王因战争而失去的那条腿也补画了上去，整幅画像英俊无比。可是国王看了依然非常生气，他几乎咆哮起来了："这个一看就不是我，你这么做不是在讽刺我吗？！"这位画家的命运和第一位没有什么两样，他也很不幸地进入了大牢。

第三位画家画得很有新意。他画了一幅国王单腿跪下、闭上一只眼睛侧身瞄准进行射箭的画面。这幅画很巧妙地把国王的缺点掩盖住了，与此同时也没有违背现实。所以，国王一看，龙颜大悦，对他进行了重赏。

这就是智慧的魔力。有的时候，胜利者和失败者从技艺、能力上其实并没有多大的差别，而最终的成败就看谁更有智慧了。智慧可以让人的气场得到提升，同时也可以让人在关键时刻扭转局面。那些有智慧的人，他们的气场通常会比普通人要强大很多，往往能引起人们的关注，成为他人崇拜和尊重的对象。

智慧就是我们上进的力量，有了它，我们体内的潜能就会被激发出来。其实对每个人而言，都有很多没有发挥出来的能量，这种能量就是潜能，潜能一旦被激发出来，就会给人生带来无法想象的改变。智慧则是激发这种能量的导火索。倘若一个人意识到了这种力量的存在，而且用更加积极的态度去对待和运用它，他最终一定能如愿以偿地得到人生硕果。

智慧，是我们气场由弱变强的推进剂，在人生的道路上，倘若我们有着很高的才华，那么智慧会让我们的人生变得更加绚丽多彩。只要我们能比别人更有智慧，那么成功对我们来说就会变得更加简单。

丰富大脑，打造强大的财富气场

穷人和富人的财富差距之所以会很大，气场是一个重要原因。在富人的眼中，从来没有“贫穷”二字，他们一直都盯着前方，一直都在努力向上，所以，他们的财富气场很强大。而穷人总是觉得财富和自己无缘，他们不是悲观绝望就是停滞不前，所以，他们就没有强大的财富气场。

因此，作为一个小人物，要想成功和富裕，就应该先让自己的大脑富起来，让自己的心态富起来，这样就能给自己打造强大的财富气场，让自己学会像富人一样思考问题。

刘志铭有一段时期因劳累过度住院疗养，那个时候他的时间很充足，只是除了读书和思考之外，能做的事情并不多。但他很喜欢思考，并总能发现一些新点子。

他知道很多洗衣店会在熨好的衬衣领下加一块硬纸板，以防止衬衣领子变形。于是他便去了解这种硬纸板的价格，后来，他得知这种硬纸板的价格是每千张 4 元的时候，便产生了这样的想法：在硬纸板上加印广告，再以每千张 1 元的低价卖给洗衣店，这样自己就能赚取广告利润。

于是，他出院后便立刻着手实施自己的计划，并坚持每天研究、思考、规划的习惯。

当广告推出后，刘志铭发现了这样的现象：人们通常取回干净的衬衫后，就会丢弃掉衣领下的硬纸板。

他开始思考："怎样才能让客户保留这些纸板和上面的广告呢？"终于，一个点子又闪过他的脑际。他在纸板的正面印上广告，对它的背面也进行了利用 ——生活中的实用偏方、主妇的美味食谱等。

这一招果然有了很好的效果。一位丈夫抱怨他们家向洗衣店支付的费用激增，没想到竟然是因为妻子为了收集刘志铭的食谱，总是把干净的衬衫送到洗衣店去洗！

刘志铭并未以此自满，他野心勃勃，打算继续让自己的事业更上一层楼。他开始联系更多的洗衣店进行洽谈合作，最终赚得盆满钵溢。

刘志铭致富的要素既不是资本，也不是运气和关系，当然更不是那些看起来很让人羡慕的身份或地位，而是他积极的思维方式和气场！是他的思维方式影响了他的心态，从而促使他去行动，这些都让他的气场得到了提升，所以便为他创造了财富。

人的气场是可以改变的，同样，思维方式也可以通过学习而改变。一位名人曾经说过这样一句话："致富其实很简单，找一个富人作为楷模，做他正在做的事。"不错，我们可以找个富人做榜样，去提升自己的气场，提升自己的价值。

当初，"股神"巴菲特对自己的投资风格和交易体系还没有确定的时候，他的投资经历和普通投资者没什么两样。他做着同样的技术分